Wuyishan National Park

武夷山国家公园
★★★★★

人与自然

和谐共生的福地

武夷山国家公园

福建省政协提案委员会
福建农林大学 ◎ 编著

海峡出版发行集团
THE STRAITS PUBLISHING & DISTRIBUTING GROUP

福建人民出版社
FUJIAN PEOPLE'S PUBLISHING HOUSE

© 武夷山国家公园九曲溪（黄海　摄）

前　言

　　国家公园是我国自然生态系统最重要、自然景观最独特、自然遗产最精华、生物多样性最富集的部分，是中华大地的瑰宝。建立以国家公园为主体的自然保护地体系，是以习近平同志为核心的党中央站在中华民族伟大复兴和永续发展的战略高度作出的重大决策，也是我国推进自然生态保护、建设美丽中国、促进人与自然和谐共生的一项重要举措。

　　武夷山国家公园是我国首批正式设立的5个国家公园之一，也是我国唯一一个既是世界生物圈保护区、又是世界文化与自然"双遗产"的国家公园，横跨福建、江西两省。2021年3月，习近平总书记来闽考察首站就到武夷山国家公园，指出："要坚持生态保护第一，统筹保护和发展，有序推进生态移民，适度发展生态旅游，实现生态保护、绿色发展、民生改善相统一。"这为高质量推进武夷山国家公园建设指明了前进方向，提供了根本遵循。

　　为深入践行习近平总书记的重要嘱托，福建省委、省政府始终坚持"绿水青山就是金山银山"理念，以保护自然、服务人民、永续发展为目标，把武夷山国家公园高质量发展作为建设国家生态文明试验区的重要内容，持续深化改革，各项工作取得显著成效。完善机构设置，2024年9月，武夷山国家公园福建管理局正式挂牌，实行省政府与国家林草局双重领导、以省政府为主的管理体制；完成跨省协同立法，《福建省武夷山国家公园条例》和《江西省武夷山国家公园条例》自2024年10月1日起同步正式施行，为改进国家公园保护、建设和管理提供法制保障；加大生态保护修复力度，先后实施生物多样性保护项目、森林防灭火基础设施工程、林业有害生物防治等一系列措施，持续改善武夷山国家公园生态环境；完善生态保护补偿机制，印发《关于建立武夷山国家公园生态补偿机制的实施办法（试行）》，实现生态保护与园区发展双赢；加大财政保障力度，制定《关于推进国家公园建设若干财政政策实施意见》，设立国家公园生态保护专项资金，用于国家公园管理、生态保护修复、智慧公园建设等方面，不断推动生态保护、绿色发展、民生改善相统一。

福建省政协始终心怀"国之大者"，聚焦"省之要事"，高度重视武夷山国家公园建设工作，全力助推全省生态文明建设。十三届省政协以来，省政协委员深入践行"为闽协商 为民服务"，积极聚焦国家公园建设建言献策，立案提案21件，提案建议已采纳或拟采纳63件次，有关意见建议被充分吸纳到省委、省政府相关政策、发展规划和部门工作中，有力推动了武夷山国家公园高质量建设与发展。其中，"关于将环武夷山国家公园打造成人与自然和谐共生先行地的提案"被列为2023年年度重点提案，由省政府、省政协领导共同督办，积极推动"环带"建设涉及武夷山国家公园重大事项列入省级联席会议议事范畴。"关于把武夷山打造成中华优秀传统文化传承发展高地的提案"被列为2024年年度重要提案，由省政协文化文史和学习委员会督办，统筹推进朱子文化等中华优秀传统文化保护建设、研究阐释、教化普及、交流传播、活化利用五大工程在武夷山落地落实。

为进一步推动社会公众更好地走进武夷山，感受国家公园独特魅力，关注国家公园建设发展，传播生态文明理念，福建省政协组织提案委员会与福建农林大学共同编写《人与自然和谐共生的福地——武夷山国家公园》一书。

全书坚持以习近平生态文明思想为指导，坚持学术性与普及性相结合，较为全面、系统地介绍了武夷山国家公园建设与发展的指导思想、理论基础、保护历程、试点经验和进展情况，并配置了大量的图文资料，努力传播国家公园和生态文明理念，积极展示国家公园高质量发展的"福建经验"。期望此书能给所有关心、支持、推动国家公园建设的各级干部、专家学者、管理人员、院校师生及各界人士带来启发和收获，成为更多人了解武夷山国家公园、走进武夷山国家公园的重要窗口。

由于时间和编者水平有限，书中难免有不妥之处，敬请读者批评指正。

省政协提案委员会
2024年12月

目录
Contents

目录

导　言

党的十八大以来，中国把生态文明建设摆在突出位置，顺应世界和时代大势，同步推进国家公园建设，并将其作为重要组成部分纳入生态文明建设之中。在习近平生态文明思想的科学指引下，中国第一批国家公园建设取得了重要成果。其中，拥有世界文化和自然遗产"双世遗"优势的武夷山国家公园，不仅在生态保护方面发挥了关键作用，而且在弘扬中华优秀传统文化方面也有重要地位。2016年6月，武夷山国家公园体制试点正式启动，武夷山国家公园在生动实践中围绕国家代表性、生态重要性和管理可行性三大指标进行全方位建设，立足于2035年美丽中国的建设目标，以共建清洁美丽世界为愿景，为构建中国国家公园体系提供了可复制、可借鉴的经验和模式。

一、国家公园建设是习近平生态文明思想的生动实践

党的十八大以来，以习近平同志为核心的党中央在推进强国建设与民族复兴的历史征程中，以实现中华民族永续发展为目标导向，用前所未有的力度推动生态文明建设，在生态文明的理论研究、实践探索、制度创新方面，创造性提出了一系列凸显中国特色、符合时代精神、引领人类文明发展的新思想新理论新战略，形成了习近平生态文明思想。2018年5月，党中央召开全

国生态环境保护大会，正式确立习近平生态文明思想。2023年7月，全国生态环境保护大会再次召开，习近平总书记以"全面推进美丽中国建设"为主题，针对生态文明建设新阶段的工作部署发表了重要讲话，进一步丰富了习近平生态文明思想的内涵。

习近平生态文明思想系统阐释了人与自然、保护与发展、环境与民生、国内和国际等重大关系，涵盖了国家公园等重要理念，丰富了其理论内涵，在生态文明建设实践中，特别是在推动国家公园建设进程中具有十分重要的指导意义：党的全面领导为国家公园建设把舵领航，国家公园建设的首要目的是统筹山水林田湖草沙系统治理，国家公园发展的内生动力是推动绿水青山向金山银山转化。国家公园建设取得的一系列成就开创了人与自然和谐共生的新局面，印证了良好生态环境是最普惠的民生福祉和坚持用最严格制度最严密法治保护生态环境的重要性，为共建全球生态文明提供了中国国家公园的建设经验

◎ 俯瞰九曲（吴元晶、陈逸飞　绘）

和治理智慧。

国家公园是世界遗产保护的重要阵地，是人类文明的新地标。从党的十八届三中全会首次提出"建立国家公园体制"，到中国第一批国家公园正式设立，再到党的二十大报告中明确提出"推进以国家公园为主体的自然保护地体系建设"，习近平总书记始终高度关注国家公园建设，并强调："这是中国推进自然生态保护、建设美丽中国、促进人与自然和谐共生的一项重要举措。"立足于国家公园高质量发展和现代化建设的战略高度，习近平总书记围绕经济发展、民生保障、文化发掘、生态保护和国际交流等方面，推动了国家公园建设向规范化、高效化转变，为新时代全面推进国家公园总体建设指明了方向。

习近平生态文明思想指导国家公园进行的一系列生动实践，充分体现了这一重要思想是中国共产党不懈探索生态文明建设的理论成果和实践经验，是马克思主义基本原理同中国生态文明建设实践相结合、同中华优秀传统生态文化相结合的重大成果，是新时代中国生态文明建设的根本遵循和行动指南。

二、习近平生态文明思想中蕴含的国家公园建设新理念

马克思指出："理论只要说服人，就能掌握群众；而理论只要彻底，就能说服人。"[1]习近平生态文明思想中蕴含的国家公园建设新理念涵盖了生态治理、制度建设、民生保障、国际交流等方面，集中体现了习近平生态文明思想的科学思维方法，为我国国家公园高质量建设提供了科学指南。

1　中共中央马克思恩格斯列宁斯大林著作编译局：《马克思恩格斯选集》第一卷，人民出版社 2012 年版，第 865 页。

（一）统筹谋划国家公园建设，保持自然生态系统原真性和完整性

系统观念是马克思主义认识论和方法论的重要范畴。国家公园由国家主导，属国家事权，对跨行政区域、大尺度的自然空间进行有效的规划与管理，需要国家统筹谋划、顶层设计。2021年3月，习近平总书记在武夷山国家公园考察时强调："建立以国家公园为主体的自然保护地体系，目的就是按照山水林田湖草是一个生命共同体的理念，保持自然生态系统的原真性和完整性，保护生物多样性。"[1]这为我国统筹谋划国家公园建设指明了科学方向。自然生态系统的原真性、完整性保护是国家公园建设管理的首要任务，在推进国家公园建设过程中，我们要牢固树立尊重自然、顺应自然、保护自然的生态文明理念，按照自然生态系统原真性、整体性、系统性及其内在规律，确保重要自然生态系统、自然遗迹、自然景观和生物多样性得到系统性保护。实践证明，系统观念是具有基础性的思想和工作方法，在现实运用中要把系统观念贯穿国家公园生态保护和治理工作的全过程，发挥其内部各生态要素之间的协同效应，推动整体生态的良性发展。因此，要坚持系统观念，遵循生态系统的内在规律，加强国家公园综合治理系统性和整体性，逐步把自然生态系统最重要、自然景观最独特、自然遗产最精华、生物多样性最富集的区域纳入国家公园体系，把有代表性的自然生态系统和珍稀物种栖息地保护起来，给子孙后代留下宝贵自然遗产。同时，通过国家公园生态系统完整性的保

1　《在服务和融入新发展格局上展现更大作为　奋力谱写全面建设社会主义现代化国家福建篇章》，《人民日报》2021年3月26日。

护，发挥其生态系统的自然功能和生态衍生功能、溢出效应，为公众提供对国家公园环境及其蕴含文化的体验、研究、学习和享受的机会。

（二）理顺和创新体制机制，探索国家公园建设可复制可推广经验

习近平总书记强调：“要继续推进国家公园建设，理顺管理体制，创新运行机制，加强监督管理，强化政策支持，探索更多可复制可推广经验。”[1]这表明新时代的国家公园建设要站在推进国家治理体系和治理能力现代化的高度，不断理顺和创新体制机制，走中国特色的国家公园建设之路，为其他国家提供更多可复制可推广经验。首先，理顺管理体制是国家公园建设的基础环节。以武夷山国家公园为例，在编制《跨江西与福建省创建武夷山国家公园可行性研究报告》的基础上，出台《武夷山国家公园完整性保护实施方案》，打破了武夷山国家公园受制于地理和行政区划的约束，廓清了闽赣两省在国家公园管理中权责不明的现象，为其他国家公园在跨区划等情境下实现畅通运行积累了可推广的经验。其次，立体化构建监督体系是国家公园持续健康发展的重要保障。健全监管制度是创新运行机制的重要内容，习近平总书记指出：“要加快构建以国家公园为主体的自然保护地体系，完善自然保护地、生态保护红线监管制度。”[2]这为建设国家公园体系的监督管理体制

---

1 习近平：《论坚持人与自然和谐共生》，中央文献出版社 2022 年版，第 86 页。
2 《保持生态文明建设战略定力 努力建设人与自然和谐共生的现代化》，《光明日报》2021 年 5 月 2 日。

提供了重要指向。要强化公众和社区参与，建立由社会民众、所在地政府和公园管理局等各方利益相关者共同组成的监督体系，形成联席会议制度，对涉及社区民众利益和资源保护利用等重大相关问题进行协商管理，保障国家公园生态环境的严格保护与资源的可持续利用。因此，以完善国家公园监管制度创新运行机制，可以进一步保障国家公园高水平保护和高质量发展，并在此基础上形成国家公园建设可复制、可推广经验。

（三）秉持人与自然和谐共生理念，实现保护、发展、民生相统一

2021年3月，习近平总书记在武夷山国家公园考察时指出："建立以国家公园为主体的自然保护地体系……实现生态保护、绿色发展、民生改善相统一。"[1]这充分体现了习近平生态文明思想中蕴含的国家公园建设新理念的人民性。国家公园建设的最终目标是为了人民，依靠人民，成果由人民共享。因此，国家公园建设要始终坚持既要保护好自然生态系统，又要保障好原住民生产生活，实现生态保护与民生改善相统一。例如，武夷山国家公园作为典型的南方集体林区，集体林权占比较大，公园管理部门始终以统筹保护与发展的首要前提，建立特许经营制度，创新自然资源利用方式，基本实现集体自然资源统一管护。同时，在严格保护的前提下，建立"一中心四服务"的协调发展机制，因地制宜打造生态茶园，大力发展毛竹产业和生态旅游业，促进生态保护与社区经济协调发展。武

1　《在服务和融入新发展格局上展现更大作为　奋力谱写全面建设社会主义现代化国家福建篇章》，《人民日报》2021 年 3 月 26 日。

◎ 武夷岩茶核心产区（黄海　摄）

夷山国家公园还通过健全和落实国家公园生态补偿机制、推进"三茶"建设、区域公共品牌赋能产品增值溢价等方式健全生态产品价值实现机制，推进国家公园不断拓宽绿水青山转化为金山银山的路径，"武夷山国家公园生态产品价值实现"案例成功入选《自然资源部第四批生态产品价值实现典型案例》。据《中国森林生态产品四十年时空演变研究》统计显示，武夷山国家公园森林生态产品总价值为129.33亿元/年，实现了国家公园建设生态保护、绿色发展、民生改善相统一。

（四）立足国情与借鉴国外经验相结合，讲好中国国家公园故事

当今世界日益连成一个整体，进一步解决全球性生态环境危机，亟待汲取各国在建设国家公园过程中积累的经验和智

◎ 武夷断裂带（黄海 摄）

慧。习近平总书记在致第一届国家公园论坛的贺信中指出："中国加强生态文明建设，既要紧密结合中国国情，又要广泛借鉴国外成功经验。"[1]西方很多国家已经建立起比较成熟的国家公园体系，我们可以借鉴吸收其管理体制统一、资金保障有力、法律体系完备等经验，但中国的国情和特点决定我国国家公园和自然保护地体系的建设不能照搬西方经验，应不断通过摸索和试点，创造性地解决国家公园建设过程中的问题，始终尊重和保护原住居民的权利，以人民为中心发展全过程人民民主，使全体人民的环境权益得到更好保障、参与权利得到充分行使，使国家公园建设的成果由全体人民共享。此外，我们要讲好中国国家公园故事。讲好中国国家公园故事是一项系统工程、长期工程。要依托深厚的历史积淀、磅礴的文化载体和不屈的民族精神，形成中国国家公园品牌意识。不断以数字化、数智化等新技术新应用引领讲好中国国家公园故事的方式，在创新思维和观念上协同发力，形成被国内外受众接受的好故事，充分展现我国生态文明建设的发展成就。

三、习近平生态文明思想指引武夷山国家公园高质量发展

武夷山国家公园在习近平生态文明思想指引下，从呵护生态、体制完善、产业发展、增进民生、供给文化等方面突出自身特色，取得了一系列重要成就和成果，推动了武夷山国家公园的高质量发展。武夷山保护是中华民族传统生态智慧的结

---

1 习近平：《论坚持人与自然和谐共生》，中央文献出版社2022年版，第234页。

晶，更是践行生态文明理念的集中表现，不仅为建设凸显中国特色、传承中华文化的国家公园体系提供了重要支撑，也为共建清洁美丽世界提供了中国方案，贡献了中国智慧。

（一）人才合作提高公园科技化水平，数字技术赋能武夷山生态治理

智慧管理平台是武夷山国家公园在坚持统筹山水林田湖草系统治理的基础上，通过引入数字技术和开展多方合作进一步深入保护自然生态系统原真性和完整性的重要手段。可以说，武夷山国家公园建设模式为构建自然保护地体系探索了新路，提供了福建样板。

一方面，人才合作提高武夷山国家公园的科技化水平。武夷山国家公园依托丰富的科研资源，与高等院校、研究机构等科研单位保持紧密合作，组建了以武夷山国家公园研究院为主的科技人才队伍，广泛开展生态要素监测、武夷山动植物课题研究等重要工作，进一步摸清了武夷山国家公园内的动植物种类，大大提高了科技建园水平。以园内九曲溪生态系统为例，武夷山国家公园联合多方科研机构开展水质、流量、微生物等监测研究，制定整治方案，保持了九曲溪生态系统的原真性和完整性[1]。此外，通过联合调查组的实地考察，武夷山地区采集到动植物新种（包括新亚种）的模式标本达1225种[2]，这充分体现了武夷山国家公园坚持人才队伍科学化，并以此保护武

1　兰思仁等：《中国的世界遗产——武夷山》，福建人民出版社2023年版，第244页。

2　兰思仁等：《中国的世界遗产——武夷山》，福建人民出版社2023年版，第13页。

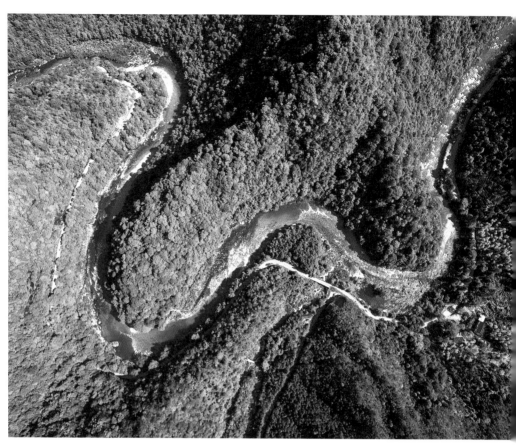

◎ 九曲溪上游（黄海　摄）

夷山国家公园生物多样性的实效。

　　另一方面，数字技术赋能武夷山生态治理的智慧化、信息化转型。武夷山国家公园通过建设智慧管理中心，实现了"天地空"一体化监测、数据统一集中管理等数字化方式，快速准确地提供了空气质量、水质等重要指数，为武夷山国家公园内开展全方位、全天候监测工作提供了便利。同时，武夷山国家公园管理局通过卫星、无人机等技术手段，辅助管理人员实时动态掌握巡护信息，提升地面巡查人员的机动能力，以实现人机联动的保护和治理方式，保护了园区的生态环境和自然资源。武夷山国家公园规划设计以智慧建园为出发点和落脚点，加快建设国家公园数字平台，以保护武夷山的生态系统多样性。截至2023年，武夷山国家公园森林覆盖率达到96.72%，空气、土壤、水、负氧离子等指数均达国家一类水平[1]。这一重大成果充分显现了武夷山国家公园在习近平生态文明思想指引下数字化发展的科学性。

（二）高水平建设武夷山国家公园体制，实现治理体系和治理能力现代化

2022年12月发布的《国家公园空间布局方案》明确指出：到2025年，基本建立统一规范高效的管理体制，进一步为构建统一、规范、高效的武夷山国家公园体制设定了清晰的路线图和明确的时间表。

首先，武夷山国家公园完善了运行管理体制。2017年，武夷山国家公园管理局成立，为解决武夷山国家公园和地方政府在运行和管理等方面工作的新问题和突出问题提供了平台支撑，进一步划清了双方的权责关系边界，其中福建省南平市颁行《环武夷山国家公园保护发展带先行方案》，按照保护协调区、发展融合区两类空间，实行差异化圈层分区管控，锚定环武夷山国家公园保护发展带是促进国家公园建设的重大创新，实现最严保护与更好发展相统一。此外，由于武夷山脉横跨福建和江西两省，受到地理和行政区划的约束，存在跨省运行管理不畅的现象。对此，在福建和江西两省签订《武夷山世界遗产保护与利用战略合作框架协议》和编制《跨福建江西建立武夷山国家公园可行性研究》等方案基础上，制定了《武夷山国家公园完整性保护实施方案》，填补了武夷山国家公园跨行政

---

1 兰思仁等：《中国的世界遗产——武夷山》，福建人民出版社2023年版，第245页。

区运行管理的空白。

其次，武夷山国家公园健全了法律法规制度。第一，武夷山国家公园始终遵循《保护世界文化和自然遗产公约》和《生物多样性公约》等国际公约和《中华人民共和国环境保护法》《中华人民共和国自然保护区条例》等国家层面的法律法规。第二，福建省因地制宜制定了《武夷山国家公园条例（试行）》等地方层面的法律法规，进一步细化了武夷山国家公园的法律法规制度。第三，武夷山也根据自身发展情况，编制了细致的《武夷山国家公园体制试点区试点实施方案》和《武夷山国家公园总体规划及专项规划（2017—2025年）》等规划。这些具体详实的规范性文件为高质量推进武夷山国家公园建设构筑了内容全面、体系健全的上层建筑。

◎ 冬日武夷别有风情（梁天雄　摄）

再次，武夷山国家公园完善了财政保障机制。国家公园局在《关于推进国家公园建设若干财政政策意见》中明确提出，从2025年到2035年，实现从基本建立到完善健全以国家公园为主体的自然保护地体系财政保障制度。武夷山国家公园针对面积小、周边人为活动频繁的特点，联合福建省财政厅在公园外围划定4252平方千米的国家公园保护发展带，形成了"重点保护区—保护协调区—发展融合区"三类生态功能空间，为促进和完善资金投入的合理化提供了重要依据。截至2023年，在福建省财政厅的统筹下，武夷山国家公园的建设得到省级以上林业和生态保护等资金23.96亿元，引导市县投入6.9亿元。[1]中央、省、市、县多级财政保障机制进一步完善。

1　福建省财政厅：《福建：发挥财政引导作用 推进武夷山国家公园高质量建设》，《中国财政》2023年第11期。

（三）统筹武夷山"三茶"综合优势，推动生态产品价值的高效转化

习近平总书记在武夷山考察时指出："要统筹做好茶文化、茶产业、茶科技这篇大文章，坚持绿色发展方向"[1]，他深入把握武夷山的"三茶"优势，结合国家公园体制建设的全民公益性，强调了建设国家公园必须立足世代传承，让人们享受到国家公园带来的生态福祉的重要意义。因此，在坚持生态保护第一的前提下，武夷山国家公园通过鼓励和引导人们参与武夷山生态产业发展，实现了资源共建共享，促进了生态产品价值实现，发挥了生态为民的长远效益，形成了人与自然和谐共生的新局面。

首先，武夷山国家公园健全了生态产业共建机制。茶产业是武夷山国家公园最具优势的生态产业之一。在产业攻关方面，公园通过与院校合作，推动了茶树树种的优良选育，实现了生态茶栽培、产业深加工等技术攻关，全面开展武夷山特色茶种的栽培、推广、应用，为茶叶的生产、加工、仓储等关键环节提供了智力支持。在产业经营方面，通过创新"龙头企业+合作社+基地+农户"模式，探索并建立"茶生态银行"，打造了以茶业为主的农业产业化联合体[2]。在产业发展方面，武夷山国家公园加快推进茶旅融合发展，推进茶历史博物馆等蕴含生态文化附加值的产业建设，助力了以"茶"为主题的旅游业

1　《在服务和融入新发展格局上展现更大作为　奋力谱写全面建设社会主义现代化国家福建篇章》，《人民日报》2021年3月26日。

2　兰思仁等：《中国的世界遗产——武夷山》，福建人民出版社2023年版，第255页。

发展。武夷山国家公园在此基础上逐步架构并完善了"智慧茶业"、数字产业大数据和电子交易等平台，不断促进经济产业和生态保护的协同发展。

其次，武夷山国家公园完善了生态产品价值转化机制。建立国家公园保护自然环境和生物多样性的机制，根本目的是为人民提供丰富的生态产品。因此，武夷山国家公园从人民对优美的生态环境和优质的生态产品等迫切需求出发，围绕生态补偿、科普教育和生态旅游等功能，实现生态产品的价值转化。一方面，武夷山国家公园针对自身特色进一步完善了生态补偿机制，在实施生态公益林保护补偿和天然林停伐补助的基础上，补充建立了野生动物肇事补偿机制。另一方面，武夷山国家公园大力支持本地居民从事生态旅游、自然教育经营等工作，使他们在提供优质生态产品时，也同步享受价值转化的红利，从而自发成为生态保护的有效主体。截至2023年，武夷山国家公园通过生态文旅融合发展，立足生态资源优势，开发多种生态功能，实现茶产业产值120.1亿元；"武夷山水"品牌产品销售额达6.31亿元，品牌授权企业销售额达125.45亿元；国家公园共接待游客180.21万人次，实现总收入1.21亿元[1]。武夷山国家公园的生态产品价值显著提升，真正形成了人与自然和谐共生的新局面。

（四）健全武夷山国家公园文化交流体制，展示中国国家公园建设的丰硕成果

习近平总书记在武夷山朱熹园考察时指出："要推动中华

---

1 朱昕华：《争当生态文明建设"优等生"》，《闽北日报》2023年9月20日。

◎ 武夷精舍朱熹塑像（黄海　摄）

优秀传统文化创造性转化、创新性发展，以时代精神激活中华
优秀传统文化的生命力。"[1]武夷山有着无与伦比的生态人文
资源，是中华民族的骄傲。在保护好生态环境的前提下，武夷
山国家公园通过全面实施文化传承与创新工程，深入挖掘闽越
文化、朱子文化、红色文化、茶文化和生态文化等武夷山优秀
传统文化，充分运用宝贵的文化资源助推"马克思主义基本原
理同中华优秀传统文化相结合"，进一步发挥世界文化和自然
双遗产的优势，既为武夷山文化体系建设提供了丰富内涵，也
向国际社会展示了深厚的文化底蕴。

　　首先，武夷山国家公园建设了文化传播体制。武夷山国
家公园发挥"双世遗"的文化优势，打造新式文化传播载体，
加快塑造符合中国形象的国家公园名片，助力形成同中国综合
国力和国际地位相匹配的国际话语权。武夷山国家公园推动多

1　《在服务和融入新发展格局上展现更大作为　奋力谱写全面建设社会主
义现代化国家福建篇章》，《人民日报》2021 年 3 月 26 日。

平台建设，开通运营了国家公园官方网站、公众号等国内外认可的传播新渠道，提升了面向国内和国际的文化教育功能。同时，打造武夷山主题系列文创品牌，设计虚拟数字藏品和实体纪念币等不同形式的文化衍生品，进一步丰富武夷山国家公园的文化传播介质，并依托线上线下的宣传双通道，全面塑造武夷山国家公园的专属名片，将武夷山文化推向世界，为共建全球国家公园、协同推动人类命运共同体建设提供中国智慧。

其次，武夷山国家公园加快推进了文化互动机制。自武夷山国家公园列为世界文化和自然双遗产后，国际交流日益丰富，国际影响力也显著提升，武夷山成为世界了解中国的重要窗口。首先，武夷山国家公园推动了学术交流。武夷山国家公园多次接待英国、美国、日本、韩国、俄罗斯等国及国际合作组织的科研考察团，与多方建立了友好关系，协商并开展了多项合作。其中武夷山国家公园通过与全球环境基金（Global Environment Facility，GEF）中国自然保护区管理项目合作，获得了国外先进技术、设备及资金支持，既为世界级项目增添了中国武夷山的风采，也吸纳了世界的先进成果，实现了双赢。同时，武夷山国家公园为世界各国青年的游学互访提供了重要平台。据统计，南平市外事办在武夷山接待了中马、中菲、中印尼青年游学互访活动约180人次[1]。其中，由中国驻印度尼西亚大使馆、福建省外事办联合举办的"第三届中印尼青年互访交流游学活动"，进一步提高了武夷山国家公园在学术交流方面的国际影响力。其次，武夷山国家公园深化了旅游合作[2]。

1　兰思仁等：《中国的世界遗产——武夷山》，福建人民出版社2023年版，第236页。

2　兰思仁等：《中国的世界遗产——武夷山》，福建人民出版社2023年版，第234—235页。

◎ 天游峰云海（黄海　摄）

武夷山国家公园以国际知名度较高的茶商品贸易作为交流基础，为积极开展旅游合作打开了思路。一方面，武夷山国家公园主动作为，通过邀请韩国旅游公司对园内景区进行考察踩线，融入茶文化的"印象大红袍"山水实景演出深深打动韩国旅行商，为中韩两国开通武夷山风景区航线打下了基础，大大加强了两国在武夷山国家公园的旅游合作。另一方面，武夷山国家公园顺势而为，应俄罗斯卡累利阿共和国文化部邀请，以代表团形式将武夷岩茶、红茶茶艺演出等武夷茶文化传播至海外，带动了武夷山的茶叶贸易[1]。武夷山国家公园通过这些商业旅游合作项目，进一步扩大了知名度和影响力，实现了世界文化和自然双遗产的有效保护和品牌宣传，推动了武夷山文化体系的构建，更在坚持马克思主义基本原理同中华优秀传统文化相结合中有力体现了中华民族的文化主体性。

1　兰思仁等：《中国的世界遗产——武夷山》，福建人民出版社2023年版，第235页。

武夷山国家公园
★★★★★

第一章

人类财富、文明地标：国家公园体系

　　建立以国家公园为主体的自然保护地体系，目的就是按照山水林田湖草是一个生命共同体的理念，保持自然生态系统的原真性和完整性，保护生物多样性。

——2021年3月，习近平总书记在武夷山国家公园考察时的讲话

第一节　人与生物圈计划是协同人地关系的行动指南

一、人与生物圈计划

人与生物圈计划（Man and the Biosphere Programme，MAB）是一项国际性跨学科项目，旨在融合社会科学与自然科学，通过跨学科研究和教育，深入探究生物圈的结构、功能及变化规律。该计划于1971年由联合国教科文组织发起，致力于理解人与生物圈的相互作用，并评估人类活动对生物圈及人类自身的影响，进而为人类合理利用和保护生物圈资源提供坚实的理论指导。

二、人与生物圈计划在中国的发展

为了维护生态平衡和推动人与自然和谐相处，中国在1978年成立了中国人与生物圈国家委员会（Man and the Biosphere National Committee of China）。该委员会由中国科学院牵头，得到了生态环境部、国家林业和草原局、农业农村部、教育部、中国气象局和自然资源部等机构的共同支持。在2021年1月1日举行的联合国教科文组织第41届大会上，中国被选为人与生物圈计划国际协调理事会理事国。

中国生物圈保护区与世界生物圈保护区共同构建起中国的生物圈保护区国家网络。截至2024年，中国共有200处自然保护地被列入中国生物圈保护区网络，并有34处自然保护地被联合国教科文组织授予世界生物圈保护区地位，其中包括长白山、武夷山、九寨沟、珠穆朗玛峰以及亚丁等著名地点。这些保护区广泛分布于中国各地，彰显了中国在生物多样性保护方面的卓越贡献，标志着中国已建成世界范围内最大的生物圈保护区国家网络。

三、人与生物圈计划的现实意义

人与生物圈计划强调从全球的角度看待自然保护区对于人类的重要性，在保护自然生境、物种保护、维护人类赖以生存的地球家园等方面做出积极贡献。践行人与生物圈计划有利于保护生态系统多样性，加强自然资源的可持续利用，为后代提供宝贵的自然财富。人与生物圈计划的实行为各种生物保留完整且安全的生境，进而保护物种多样性以及基因多样性，对维护生物圈的稳态做出不可估量的贡献。人与生物圈计划也承载了人类对于自身与自然关系的全新思考，并且指引人类践行与自然和谐共生的道路，最终将保护人类与自然本身。

◎ 华东屋脊——黄岗山（黄海　摄）

第二节　世界遗产是人类的共同财富

一、世界遗产的概念

世界遗产的概念由联合国教科文组织提出，是指被联合国教科文组织和世界遗产委员会确认的人类罕见的、无法替代的财富，具有全球公认的显著重要性和突出普遍价值的文物古迹和自然景观。

联合国教科文组织在1972年通过了《保护世界文化和自然遗产公约》，该公约是对于自然遗产保护最具效力的国际法律文书，为国际合作保护自然和文化遗产提供了一个国际通用的准则。随着该公约的发布，《世界遗产名录》也相应形成。任何国家只要签署了《保护世界文化和自然遗产公约》，该国的文化和自然遗产便有资格申请加入《世界遗产名录》，一旦被纳入名录，这些遗产就被确认为全人类的共同财富，将受到保护和传承。中国也积极参与到世界遗产保护的活动中，于1985年12月正式成为《保护世界文化和自然遗产公约》缔约国。

二、世界遗产的发展历程

1972年，联合国教科文组织通过了《保护世界文化和自然遗产公约》，标志着世界遗产保护制度正式确立。该公约旨在

识别、保护、保存和展示对全人类具有显著的重要性和突出普遍价值的文化和自然遗产地。同年，为了更有效地管理和监督全球范围内世界遗产的提名、评审及保护工作，联合国教科文组织特设了世界遗产委员会，并设立了承担世界遗产日常运营与管理的核心职责的执行机构——世界遗产中心。1978年，第一批世界遗产（共12项）被正式列入《世界遗产名录》，标志着世界遗产保护实践的开始。随着时间的推移，越来越多的国家和地区加入到世界遗产保护的行列中。联合国教科文组织世界遗产中心发布的信息显示：截至2024年8月，全球已有超过1223项世界遗产被列入《世界遗产名录》（其中包括952处文化遗产、231处自然遗产、40处文化和自然双重遗产），广泛分布于195个缔约国。这些世界遗产地涵盖了从古代建筑、历史城镇到自然景观、地质奇观等领域，成为全人类共同的文化和自然财富。

中国自1985年签署并加入《保护世界文化和自然遗产公约》以来，始终将世界遗产的保护置于重要位置。截至2024年8月，中国已成功将59处卓越的文化和自然遗产纳入《世界遗产名录》，其中涵盖了40项文化遗产（含6处独特的世界文化景观遗产，见表1-1），15项自然遗产（见表1-2），以及4项文化和自然双遗产（见表1-3），充分展示了中国在遗产保护领域的卓越成就与广泛覆盖度。这些遗产地不仅是中国历史、文化和文明的象征，也是全人类共同的宝贵财富。

世界遗产的发展历程是一个不断推动国际合作、加强文化交流与传承的过程。通过保护世界遗产，我们不仅能够深化对自身历史和文化根源的认识，还能促进不同文明间的交流与理解，携手打造人类命运共同体。

表1-1　中国世界文化遗产（含文化景观遗产）

序号	名称	批准时间	类型
1	明清皇宫 （北京故宫、沈阳故宫）	1987.12/ 2004.7.1	世界文化遗产
2	秦始皇陵及兵马俑	1987.12	世界文化遗产
3	莫高窟	1987.12	世界文化遗产
4	周口店北京人遗址	1987.12	世界文化遗产
5	长城	1987.12	世界文化遗产
6	武当山古建筑群	1994.12	世界文化遗产
7	拉萨布达拉宫历史建筑群 （含罗布林卡和大昭寺）	1994.12	世界文化遗产
8	承德避暑山庄及其周围寺庙	1994.12	世界文化遗产
9	曲阜孔庙、孔林和孔府	1994.12	世界文化遗产
10	平遥古城	1997.12	世界文化遗产
11	苏州古典园林	1997.12	世界文化遗产
12	丽江古城	1997.12	世界文化遗产
13	北京皇家园林—颐和园	1998.11	世界文化遗产
14	北京皇家祭坛—天坛	1998.11	世界文化遗产
15	大足石刻	1999.12	世界文化遗产
16	皖南古村落—西递、宏村	2000.11	世界文化遗产
17	明清皇家陵寝	2000.11/2003.7/ 2004.7	世界文化遗产
18	龙门石窟	2000.11	世界文化遗产
19	青城山—都江堰	2001.12	世界文化遗产
20	云冈石窟	2001.12	世界文化遗产
21	高句丽王城、王陵及贵族墓葬	2004.7.1	世界文化遗产
22	澳门历史城区	2005.7.15	世界文化遗产
23	殷墟	2006.7.13	世界文化遗产
24	开平碉楼与村落	2007.6.28	世界文化遗产
25	福建土楼	2008.7.7	世界文化遗产
26	登封"天地之中"历史建筑群	2010.8.1	世界文化遗产
27	元上都遗址	2012.6.29	世界文化遗产
28	大运河	2014.6.22	世界文化遗产

人与自然
和谐共生的福地
武夷山
国家公园

序号	名称	批准时间	类型
29	丝绸之路：长安—天山廊道的路网	2014.6.22	世界文化遗产
30	土司遗址	2015.7.4	世界文化遗产
31	鼓浪屿：历史国际社区	2017.7.8	世界文化遗产
32	良渚古城遗址	2019.7.6	世界文化遗产
33	泉州：宋元中国的世界海洋商贸中心	2021.7.25	世界文化遗产
34	北京中轴线——中国理想都城秩序的杰作	2024.7.27	世界文化遗产
35	庐山国家级风景名胜区	1996.12.5	世界文化景观遗产
36	五台山	2009.6.26	世界文化景观遗产
37	杭州西湖文化景观	2011.6.24	世界文化景观遗产
38	红河哈尼梯田文化景观	2013.6.22	世界文化景观遗产
39	左江花山岩画文化景观	2016.7.15	世界文化景观遗产
40	普洱景迈山古茶林文化景观	2023.9.17	世界文化景观遗产

表1-2　中国世界自然遗产

序号	名称	批准时间	类型
1	黄龙风景名胜区	1992.12.7	世界自然遗产
2	九寨沟风景名胜区	1992.12.7	世界自然遗产
3	武陵源风景名胜区	1992.12.7	世界自然遗产
4	云南三江并流保护区	2003.7.2	世界自然遗产
5	四川大熊猫栖息地—卧龙、四姑娘山和夹金山	2006.7.12	世界自然遗产
6	中国南方喀斯特	2007.6.27(第一期)、2014.6.23(第二期)	世界自然遗产
7	三清山风景名胜区	2008.7.8	世界自然遗产
8	中国丹霞	2010.8.1	世界自然遗产
9	澄江化石遗址	2012.7.1	世界自然遗产
10	新疆天山	2013.6.21	世界自然遗产

第一章

人类财富、文明地标：国家公园体系

序号	名称	批准时间	类型
11	湖北神农架	2016.7.17	世界自然遗产
12	青海可可西里	2017.7.7	世界自然遗产
13	梵净山	2018.7.2	世界自然遗产
14	中国黄（渤）海候鸟栖息地	2019.7.5（第一期）、2024.7（第二期）	世界自然遗产
15	巴丹吉林沙漠—沙山湖泊群	2021.7.29	世界自然遗产

表1-3　中国世界文化与自然双重遗产

序号	名称	批准时间	类型
1	泰山	1987.12	世界文化与自然双重遗产
2	黄山	1990.12	世界文化与自然双重遗产
3	峨眉山—乐山大佛	1996.12	世界文化与自然双重遗产
4	武夷山	1999.12	世界文化与自然双重遗产

三、世界遗产的现实意义

世界遗产作为人类文明的瑰宝，承载着丰富的历史信息和文化价值，对全球社会产生了深远的影响。世界遗产是人类历史、文化、艺术和科学的杰出代表，它们见证了人类文明的演进与发展，承载着丰富的历史信息与文化内涵。这些遗产不仅是各国文化自信和民族认同的象征，是人类智慧与创造力的集中展现，也是教育和传承的重要载体。同时，文化多样性和可持续发展是当今世界的重要议题，世界遗产在其中扮演着关键角色。它们被视为促进文化对话、保护文化多样性、助力社会和谐的重要元素。

在世界范围内，世界遗产的认定与保护构成了人类文化多样性和自然生态完整性保护的重要基石，世界遗产的认定机制体现了国际社会对于自然与文化遗产保护的高度共识与责任

◎ 古崖居遗构（黄海　摄）

感。这一机制通过严格的评估程序，将具有显著的重要性和突出普遍价值的自然区域和文化遗址纳入《世界遗产名录》，从而在全球范围内树立了文化遗产保护的标准与典范。这一过程不仅强化了国际社会对遗产价值的认识，也促进了各国在遗产保护领域的合作与交流，形成了全球性的保护网络。一方面，世界遗产的保护工作往往与当地社区的生计改善、环境保护和经济发展紧密相连，通过合理的保护利用策略，可以实现遗产保护与社区发展的双赢。另一方面，世界遗产的保护需要各国政府、国际组织及社会各界的共同努力与协作，这种跨国界的合作不仅有助于解决全球性的环境与文化问题，也促进了国际和平与稳定。此外，世界遗产的保护也是国际合作的典范，中国在这一领域积极参与并贡献了"中国经验"，展示了开放和协作的国际形象。

第三节　国家公园是人类文明的新地标

一、国家公园

人们普遍认为，国家公园这一概念最早由美国艺术家、作家、旅行家乔治·卡特林（George Catlin）在19世纪30年代提出，旨在保护荒野区域原生的自然之美。自1872年美国建立了世界上第一个国家公园——黄石国家公园以来，国家公园如同雨后春笋般在世界各地发展起来。由于各国国家公园最初的设立目的、规模大小、命名方式、运行依据和管理机构各不相同，导致国际上缺乏共同的标准和术语。（见表1-4）

表1-4　代表性国家及组织对国家公园的定义

地区/国家或国际组织		定义
国际组织	世界自然保护联盟（IUCN）	1）大面积的自然或接近自然的区域，用以保护大规模的生态过程，以及相关的物种和生态系统特性； 2）同时提供与其环境和文化相容的精神的、科学的、教育的、休闲的和游憩的机会
亚洲地区	中国国家公园	由国家批准设立并主导管理，边界清晰，以保护具有国家代表性的大面积自然生态系统为主要目的，实现自然资源科学保护和合理利用的特定陆地或海洋区域
	日本国立公园	全国范围内规模最大并且自然风光秀丽、生态系统完整、有命名价值的国家风景及著名的生态系统
	韩国国立公园	可以代表韩国自然生态界或自然及文化景观的地区
	柬埔寨国家公园	指重要的自然风景地，具有科研、教育、休闲的价值

地区/国家或国际组织		定义
北美洲地区	美国国家公园	为了公众利益和享用的大众公园或休闲地
	加拿大国家公园	以"典型自然景观区域"为主体,是加拿大人民世代获得享用、接受教育、进行娱乐和欣赏的区域
	墨西哥国家公园	风景秀美、拥有火山群、考古遗址等值得关注的历史或美学要素的,具有潜在的休闲和生态价值的区域
欧洲地区	英国国家公园	为了国家利益设置,并通过适当的国家决策和行动保障的,一个开阔的风景秀美而带有相对原始乡村风貌的区域
	法国国家公园	保护自然环境,尤其是动植物群落、土壤、空气、水质、景观和具有特别情趣的文化遗产的大陆和海洋区域
大洋洲地区	澳大利亚国家公园	保护本地动植物和它们栖息地的区域,拥有自然美、历史遗产和土著文化遗产的场所
	新西兰国家公园	有突出质量的风景、生态系统或秀美、独特、有重要科学价值的自然特征的区域
非洲地区	南非国家公园	具有重要的国家层面或国际层面的生物多样性的,具有一个或多个生态系统的南非自然系统、风景地或文化遗产地的可行的具有代表性的范例

1978年,世界自然保护联盟开始尝试对保护地进行分类标记,在1994年提出了一套管理系统,解决了全球国家公园标准不统一的问题,这套体系将保护地分为以下六类:严格意义的保护区及荒野区、国家公园、自然纪念物保护区、生境/物种管理区、陆地/海洋景观保护区、资源管理保护区[1]。其中,国家公园定义为"大面积自然或近自然区域,用以保护大尺度生态过程以及这一区域的物种和生态系统特征,同时提供与其环境和文化相容的精神的、科学的、教育的、休闲的和游憩的机会"。

2013年11月,党的十八届三中全会审议通过了《中共中央

1 (英)菲利普斯主编,刘成林、朱萍译:《IUCN保护区类型Ⅴ——陆地/海洋景观保护区管理指南》,中国环境科学出版社2005年版,第9页。

关于全面深入改革若干重大问题的决议》，强调"建立国土空间开发保护制度，严格按照主体功能区定位推动发展，建立国家公园体制"。2017年，中共中央办公厅、国务院办公厅发布《建立国家公园体制总体方案》，将国家公园定义为"由国家批准设立并主导管理，边界清晰，以保护具有国家代表性的大面积自然生态系统为主要目的，实现自然资源科学保护和合理利用的特定陆地或海洋区域"。

二、国外国家公园的发展历程与模式

在世界国家公园发展史上，美国作为较早建设国家公园的国家，其建设模式被其他国家所借鉴，但各国在建设过程中都根据本国国情做出了适宜本国的探索与调整。目前，全球已有超过100个国家和地区设立了国家公园。然而，鉴于不同国家在国情、社会架构、文化底蕴及经济发展阶段的多样性，各国在界定国家公园时所强调的侧重点各不相同。依据全球国家公园发展的历程、空间扩展的模式、主要形式的演变以及政治地理学的特点，可以将其理念的传播与发展划分为四个重要阶段[1]：

一是移民定居的新世界阶段（19世纪70年代至90年代末）。这是全球国家公园理念传播的第一阶段。这一阶段的国家公园理念深受移民文化影响，强调了对于未开发自然的保护。以美国为中心，各国大多效仿黄石国家公园采用美国荒野模式。而澳大利亚另辟蹊径，将国家公园作为"城市绿肺"设

1　朱里莹、徐姗、兰思仁：《国家公园理念的全球扩展与演化》，《中国园林》2016年第7期。

立于城市周边，澳大利亚模式也应运而生。这些不仅反映出新大陆对自然资源的审慎规划与利用，更是移民文化与自然和谐共存的初步尝试，预示着人类与自然关系的新篇章。这些模式的形成反映了新兴国家在自然资源的开发与保护方面的矛盾，同时强调了人类与自然的和谐共生。

二是实验性的殖民地与日本另类阶段（20世纪初至第二次世界大战时期）。这是欧洲国家在世界各地建立殖民地时期建设国家公园的尝试，虽不乏殖民色彩，却也孕育了保护自然、促进生态平衡的先驱思想，柬埔寨模式、非洲野生动物保护模式即是这一阶段的典型代表。这些模式的形成往往伴随着殖民历史的影响，以及人们在不同文化背景下对自然的理解与利用。日本开始对具有典型性的自然、文化和宗教价值的地点进行保护，其独具一格的实践经验为全球国家公园的发展提供了借鉴。

三是文化自信的旧世界阶段（第二次世界大战后至20世纪60年代）。欧洲主要大国在本土设立国家公园的浪潮引领国家公园发展进入了全球传播的第三阶段。这一时期的国家公园，不仅是对自然美景的颂歌，更是对本土文化、历史传承的深刻致敬。以英国乡村模式为代表的国家公园模式，以文化自信为基石，不仅注重生态保护，还重视历史遗产和景观美学的维护，为欧洲主要大国在本土设立国家公园打开了局面，向世界展示了保护与发展并重的可持续发展路径。

四是百花齐放的世界格局阶段（20世纪60年代至今）。世界自然保护联盟国家公园国际委员会的成立标志着国际范围内统一机构的确立。在这一阶段，中国模式的兴起助推了国家公园理念的多元化与全球化发展。中国在国家公园建设中，结合本国国情和文化背景，探索出具有中国特色的保护与利用模式。这一阶段凸显了不同国家的价值取向与发展理念，促使各国在国家公园的管理和保护方面进行创新与实践。

历经150多年的发展，目前世界范围内已形成了各具本国、本区域特色的国家公园发展模式，包括美国荒野模式、英国乡村模式、非洲野生动物保护模式等。不同的模式也从侧面体现出相应国家的价值取向与发展理念。美国推行的荒野式国家公园制度，其核心宗旨在于"捍卫国家福祉，确保自然环境的纯净，免受人类活动侵扰"。基于此理念，美国国家公园的构建倾向于采用荒野保护路径，强调维护自然界的原始状态，实现自然生态与人类社会的适度分离，以守护自然遗产的完整与纯粹。美国荒野模式的理念在一定程度上对澳大利亚、加拿大等国的国家公园建设产生重大影响。欧洲国家倾向于在学习美国荒野模式的同时将人类活动与人类文化也纳入其中，使自然保护与人类经济文化协同发展。英国则实施了不同于其他欧洲国家的建设方式。英国国家公园土地以私有土地为主，国家公园的发展就是乡村的发展，因此英国主张将游憩功能置于发展首要位置。一些发展中国家在借鉴发达国家建设经验的同时，也融入了适应本国国情的理念和方法，如越南实施了公私合作的管理模式。而北爱尔兰则强调发展的首要任务是在环境保护与社区经济及社会发展之间实现均衡。

尽管世界自然保护联盟在国际上将国家公园定义为保护区体系中的第二类，但全球对国家公园概念的理解不同并未妨碍各国发展其国家公园体系。根据各大洲的实际情况，国家公园发展模式也有所不同，本书将选取较典型的北美洲的美国和加拿大，欧洲的英国和法国，大洋洲的澳大利亚和新西兰，亚洲的日本，非洲的南非等国家公园模式进行介绍。

（一）北美洲典型国家公园模式

美国是全球首个设立国家公园的国家，而加拿大则是首个成立国家公园专门管理机构的国家。两国在国家公园的建设与发展中建立了较为完善的管理机制、制度框架和法律体系，这些因素极大地推动了国家公园的进步。美国和加拿大同样强调公众在国家公园建设中的重要性，并建立了全面的公众参与机制。

美国国家公园管理局坚持"全民共建"的理念，此理念深深植根于国家公园从创立之初到规划布局、决策制定及日常管理的每一个环节中。为了吸引各类参与者的广泛参与，政府设计了灵活多变的参与途径。例如，政府部门依托联席会议机制深度融入规划流程，普通公众则有机会在公众讨论会上发声，而相关利益方能在决策论坛上直接提出观点与建议，共同塑造国家公园的规划蓝图与决策方向。同时，美国国家公园体系构建了"规划、环境与公众参与评议"（PEPC）这一综合性平台，旨在实现规划项目的全链条管理、信息共享与资源整合。公众借助PEPC的在线开放门户，能够便捷地获取信息、表达意见，深度融入国家公园规划的每一个环节。

加拿大政府的《加拿大国家公园法案》明确规定：文化

遗产部部长应适时确保公众在国家、区域及地方各层级上享有参与权，涵盖依据土地协议设立的机构及公园社区代表，在塑造公园政策、制定规章制度、构建及管理规划等方面均扮演积极角色。在加拿大国家公园的实际运营中，公众意见被高度重视，作为系统规划、目标确立、方案筛选及运营策略制定的关键考量因素。同时，公众对自然和文化景观保护的愿望也得到了充分的重视，确保了以人为本的原则，使公众能够在国家公园规划设计的各个层面上全面参与。

专栏1-1　美国黄石国家公园

1.基本情况

美国是全世界最早以国家力量介入文化和自然遗产保护的国家之一，同时也建有目前全世界规模最大、制度较为完善的国家公园体系。在世界范围内，美国对本国文化和自然遗产的保护也是公认非常成功的。

黄石国家公园坐落于美国西部，横亘于北落基山脉与中落基山脉之间的广阔熔岩台地之上，其主体部分镶嵌在怀俄明州西北部的壮丽景致中，海拔2134~2438米，面积8956平方千米。公园属温带大陆性气候，四季分明，各季有景。黄石公园内，蜿蜒流淌的黄石河与宁静的黄石湖交相辉映，其间点缀着幽深的峡谷、飞泻的瀑布、氤氲的温泉以及神奇喷涌的间歇泉，构成了一幅幅引人入胜的自然画卷。尤为著名的是"老忠实间歇泉"，它每隔65分钟便上演一次自然奇观：粗壮的水柱猛然间冲天而起，高达数十米，伴随着腾腾热气，蔚为壮观。此外，公园内林木葱郁，还庇护着包括美洲野牛在内的珍稀野生动物，为游客提供了近距离观察自然生态的宝贵机会。园区内设有历史遗迹博物馆，让人在欣赏美景的同时，也能深入了解这片土地的悠久历史。黄石国家公园以其独特的自然景观与丰富的文化底蕴，成为全球国家公园的典范，并于1978年荣获世界自然遗产的殊荣。

2.核心价值

黄石大峡谷和中心湖区构成了黄石国家公园景观的主体。它们之间通过黄石河连接，形成一个有机的整体。黄石河在峡谷间悠然流淌，享有"全美唯一未筑水坝、保持自然原貌的河流"之誉。千百年来，奔腾不息的河水不断冲蚀着峡谷的岩壁，就是这个伟大的"自然雕刻师"，造就了峡谷的俊秀斐然、跌宕起伏。中心湖区宽32千米，长22千米，平均深45米，由于长时间的冰川地形构造的作用，成为北美最大的高山湖泊，从高空看，就像一颗蔚蓝的宝石。园内自然资源丰富，包括10种鱼科、24种大型两栖动物、300多种鸟类物种和70多种哺乳动物。这里是禁猎区，麋鹿、驼鹿、野牛和羚羊等动物在此自由繁衍。公园内85%的区域都覆盖着森林，主要的树种是扭叶松、龙胆松、美洲云杉、亚高山银杉等。这几种树种分布区域的变化，构成了黄石公园独特的生态演化景观。

（二）欧洲典型国家公园模式

欧洲国家众多，这些国家有着不同的政治体制与发展理念，所以欧洲国家公园定义多因国家的不同而相异。另外，欧洲人文景观丰富，在许多国家公园中有居民长期居住，因此农业景观数量也相当可观。在这一点上，欧洲的国家公园与世界大多数的国家公园不同，部分欧洲国家在国家公园的定义上相较于世界上其他注重自然保护的国家要更加侧重于人文景观的保护[1]。

英国是全球最早将公众参与纳入城市规划的国家之一，公众参与在英国的环境治理中扮演着关键角色。由于社区人口密集等因素，英国在国家公园的管理中特别强调了公众参与的必要性。为了促进公众在国家公园管理中的有效参与，英国政府推出了一系列法律法规，如《国家公园与乡村准入法》《地方主义法案》及《环境法案》，并构筑了以国家公园管理局为核心的管理架构与制度体系。同时，构建了多元参与主体体系，确立了清晰的技术指导原则，并开辟了多样化的参与渠道与反馈路径，为英国公众深度参与国家公园管理奠定了坚实的基础。

在法国，鉴于众多国家公园与原住民传统生活领域相互交织，国家公园管理机构高度重视并积极促进原住民在公园治理中担任重要且积极的角色，旨在尊重并融合原住民的文化传统与生态智慧，共同参与并推动国家公园的可持续发展。政府鼓励原住民群体通过协商、协作与谈判等机制，全面参与到生态

1　寇梦茵、吴承照：《欧洲国家公园管理分区模式研究》，《风景园林》2020年第6期。

保护与经营管理之中，并赋予原住民群体国家公园建设与管理规划蓝图的参与制定权。这些规划蓝图在通过董事会的细致审议后，还需经历法国中央政府、各层级地方政府以及中央相关机构（如国家自然保护委员会、国家公园跨部门协作理事会等）的广泛咨询与意见征集流程，直至达成全面共识，最终由中央政府颁布实施。同时，国家公园管理机构也致力于拓宽原住民的就业渠道，从而稳固其经济基础，保障其生活福祉与权益。

专栏1-2　英国峰区国家公园

1.基本情况

英国峰区国家公园成立于1951年，作为该国最早设立和面积最大的国家公园，坐落于英格兰的心脏地带，优雅地处于谢菲尔德与曼彻斯特两大都市的环抱之中，犹如一块绿意盎然的翡翠，为周边的繁华都市群增添了一抹清新的自然景致。这里每年吸引超过2200万访客，是全球第二受青睐的国家公园。峰区国家公园不仅因其辽阔的地域（约1440平方千米）在英国的自然保护领域扮演着重要角色，更凭借其独有的地理风貌和多样的自然景观，吸引了无数游客和探险者的目光。

峰区国家公园地形多变，既有连绵起伏的山丘，也有深邃蜿蜒的河谷，还有广阔无垠的沼泽地，每一处都散发着自然的野性与魅力。尤为引人瞩目的是，那些古老的花岗岩历经千万载风雨的雕琢与洗礼，演化出令人叹为观止的峭壁奇观、深邃峡谷与幽秘岩洞，无不彰显着大自然的鬼斧神工。

2.核心价值

英国峰区国家公园的核心价值主要体现在其多样的自然景观、丰富的生态系统和深厚的文化历史价值上。公园被划分为8个各具特色、风景迥异的区域，如黑峰、白峰等，展示了峰区自然景观的多样性和地理特征的丰富性。

自然景观方面，峰区国家公园以其多样的地貌和生态系统著称。特别引人瞩目的是，古老花岗岩经年累月地被自然界的力量精雕细琢，形成了别具一格的地形景观。这些地貌包括巍峨壮观的峭壁、深不见底的峡谷以及隐秘幽深的岩洞，每一处都令人瞠目结舌。这些自然地貌不仅吸引了大量的野生动物，还为植物和动物的多样性提供了基础。此外，峰区的河流和泉水也是其自然景观的重要组成部分，一些河流发源于峰区，成为周边地区的重要水源。

除了自然风光，峰区国家公园还蕴含着丰富的历史文化价值。这里是英国工业革命的重要发源地之一，古老的矿井、废弃的采石场和斑驳的工业遗迹诉说着过往的辉煌与沧桑。同时，区域内还保留着众多历史悠久的村庄和农庄，传统的农牧业生产方式在这里得到了很好的延续和保护，为游客提供了一个深入了解英国乡村文化的绝佳窗口。几个世纪以来，峰区的自然景观一直是英国文学和艺术的灵感之源，许多著名的英国文学家和艺术家都在这里找到了创作的灵感。

更重要的是，峰区国家公园作为英国生态保护的重要一环，致力于维护生态平衡和生物多样性。公园内设立了多个自然保护区，对珍稀动植物进行重点保护和研究，以确保这处宝贵的自然遗产能永续传承。同时，公园管理机构还积极推广可持续旅游理念，鼓励游客在享受自然美景的同时，也要尊重自然、保护环境。

（三）大洋洲典型国家公园模式

澳大利亚是世界上第二个设立国家公园的国家，其独树一帜的联合管理框架不仅为国家公园的可持续发展奠定了坚实基础，还积极促进原住民群体的参与和融合，成功编织起原住民与国家公园管理机构间共生共荣的和谐纽带。并且，国家保护地是根据其独特的生态、物种和景观资源而设立的，对维护国家的生态环境和生物多样性起到了关键作用。澳大利亚国家公园特别强调政府与当地原住民社区之间的"合作管理"和"共同管理"，共享权力和信任。另外，在城市周边地区，为了提升工薪阶层的健康状况，国家公园被定位为"城市的绿肺"，丰富多变的地形地貌突破了传统山区风貌的束缚，赋予国家公园独特魅力。在联合管理机制下，借助公开展示、咨询交流及合作参与等多种形式，原住民被积极邀请参与公园的规划布局与决策制定，同时，他们的专业知识也被有效整合至日常管理之中，进一步提升了公园管理的专业性与多元性。澳大利亚构建的国家保护地体系，是驱动保护地规划迈向系统化、有序化发展的关键基石与核心动力。其规划、建设和管理的流程、经验和方法为其他国家提供了宝贵的借鉴。

新西兰国家公园的社区共管往往涉及更加复杂的治理结构，尊重当地原住民的地位，并赋予他们一定的权利，形成了一种立法保障、多方协作、原住民参与相融合的独特模式[1]。新西兰民众对生态保护有着深刻的认识，他们对参与环保活动表现出极高的热情。鉴于这种社会背景，新西兰国家公园采纳了一种政府与社区民众协同合作的"双轨管理体系"。在此框架下，国家层面的管理职责由环境保护部履行，该部门直接统领并监督12个核心中央保护管理机构及14个地方性保护管理单位；非政府领域的管理则交由13个代表地域多样性和行业特性的保护委员会以及诸多保护组织共同承担，它们在国家公园的管理工作中发挥着不可或缺的作用。

专栏1-3　新西兰峡湾国家公园

1.基本情况

坐落于新西兰南岛西南隅的峡湾国家公园，是该国面积最大的国家公园，占地面积约1.25万平方千米，几乎包括了南岛西南海岸全线由冰川作用塑造的峡湾地带。这些远古冰川的运动雕琢出巍峨的尖峰、幽深的U

1　周雯佳、陈凯:《新西兰国家公园社区共管模式发展经验及启示》,《世界林业研究》2024年第4期。

字形山谷与锋利的冰碛地貌，构成了一幅幅令人叹为观止的自然景观，每年吸引着数以万计的游客前来领略其非凡魅力。该公园属于温带海洋性气候区，全年气候宜人，阳光充足，降水丰沛，植被生长极为繁茂。这里于1904年被划定为保护区，1952年正式晋升为国家公园，1986年荣登《世界文化遗产名录》，1990年进一步获得联合国教科文组织的认证，被确立为世界自然遗产地。

2.核心价值

峡湾国家公园内分布着众多峡湾，海岸线呈现不规则的锯齿状。在更新世时期，冰川的活动在这片土地上刻下了深刻的烙印，西面的海岸线由被海水淹没的冰川峡谷构成，形成了海湾，其中14个峡湾的长度达到44千米，深度超过500米。南部的峡湾则更为绵长，岸口也更为宽阔，点缀着众多小岛。

由于峡湾国家公园内海湾与峡地地形错综复杂、变化万千，该公园被赞誉为"高山园林与海湾峡谷交相辉映的绝美之地"。园内的自然资源极为丰富，约有三分之二的地区被森林覆盖，主要树种包括南方山毛榉和罗汉松。这里也是众多鸟类的栖息地，包括知更鸟、山雀、长尾小鹦鹉等。

（四）亚洲典型国家公园模式

日本在亚洲率先设立了国家公园，其管理方面的丰富经验和发展策略，为其他亚洲国家乃至全球正在发展国家公园体系的国家提供了宝贵的参考。日本最初设立国家公园的目的主要是为了推动旅游业发展，以此提升国家及地方的形象和声誉，而非仅仅为了保护自然资源。例如，在1957年实施的《国立公园法》中，日本明确指出建立公园的宗旨是保护具有美学价值的自然景观，并推动休闲、教育和公共服务等功能的发展。因此，与那些主要出于生态保护目的设立国家公园的国家和地区相比，日本在国家公园的早期建设中更偏重于其休闲和教育功能。然而，随着可持续发展理念的普及，日本也开始认识到在自然保护和休闲利用之间取得平衡的重要性。2002年修订的《自然公园法》旨在解决因国家公园旅游发展而可能引发的资源过度开发等生态问题，以协调生态保护和旅游产业的发展。此次修订方案创新性地提议将公园管理权限下放至地方非政府组织，并倡导与土地持有者进行协商对话，以此激发社区成员对自然景观保育的热情与参与度。同时，为拓展公众参与国家公园发展的广度与深度，日本精心策划了系列项目，如"国家公园导览员计划""国家公园志愿者行动""绿色生态工程项目"，并创设了"公园辅助管理职位"。这些举措为公众搭建了直接参与国家公园构建与保护的多样化舞台与机会。

专栏1-4　日本富士箱根伊豆国立公园

1.基本情况

富士箱根伊豆国立公园作为日本顶级国家公园的典范之一，以其独特的"火山与海洋"特色地域组合而著称。该公园始建于1936年，面积约121850公顷。随着时间的推移，由于不同地区的加入等因素，公园的边界一直在调整之中。富士箱根伊豆国立公园由4个主要区域构成：富士山区域、伊豆半岛区域、箱根区域以及伊豆诸岛区域，每一部分都包含了日本国内极具盛名的景观。

富士箱根伊豆国立公园以其迷人的自然风光和丰富的休闲活动而闻名，游客在饱览壮美景色的同时，也能体验到海水浴、垂钓、海鲜美食、骑行和露营等多样的休闲方式，享受一段愉悦的旅程。该公园被誉为世界上最迷人的公园之一，每年吸引着超过1亿国内外游客前来观光。

富士山是日本最高峰，其周边的自然景观，构成了公园不可或缺的一部分。芦之湖坐落在箱根町的西侧，是火山活动孕育出的火山湖，与富士山相映成趣，四季变化带来不同的风光与情调。环湖的步道两旁种植着苍松翠柏，景色宜人，湖中盛产黑鲈和鳟鱼，成为划船、垂钓和游泳的热门地点。箱根位于神奈川县的西南部，距离东京约90千米，以其温泉和疗养条件而闻名。箱根四周环绕着青翠的山峰，溪水潺潺，温泉区域景色迷人。大涌谷附近建有自然科学馆，有展示和科普的作用。箱根的温泉享有盛誉，尤其是著名的"箱根七汤"，是理想的疗养之地。伊豆半岛和伊豆诸岛则凭借其独特的地理位置和丰富的自然景观，吸引了众多游客。这些地区不仅风景如画，还提供了多样的户外活动和亲近自然的机会。富士箱根伊豆国立公园因其美景、温泉、历史建筑和户外活动而闻名，是日本最受欢迎的国家公园之一，也是游客体验日本自然美和文化的好去处。

2.核心价值

因富士山的存在，该公园格外重视生态保护与环境保护。例如，2023年3月2日，对园内《日本鹿的管理实施计划》进一步修订，富士山为该公园带来突出的观光业及周边产业优势。在公园设立之初，由于日本经济高度发展，私家车持有率也大幅上升。当时日本全国都在进行观光道与别墅开发，富士箱根伊豆国立公园也不例外。箱根和伊豆半岛地域早在1957年就共同建设了该公园的第一趟缆车，而代表该公园的富士山地域则分别于1964年和1970年建设了多条收费观光公路。这些付费观光设施为该地区带来了极大的经济收益，但也给当地环境造成了不小的压力。如今，富士箱根伊豆国立公园正在努力实行经济与环境保护相协调的发展模式。

（五）非洲典型国家公园模式

南非作为世界上率先启动国家公园建设项目的国家之一，历经近一个世纪的不懈实践与创新，其国家公园体系的发展取得了显著成就。这一辉煌成就离不开南非精心构建的公众参与机制的有效运作，该机制在推动国家公园建设与管理方面发挥了不可替代的作用。

自16世纪欧洲殖民者踏上南非这片土地后，其活动范围主要在港口及沿海地区，广大的南非内陆受到的影响相对较小。18世纪初，英国殖民当局开始掌握对南非的管理权，以荷兰裔为首的欧洲白人殖民者开始深入内地定居狩猎，原住民阿非利坎人与欧洲白人不同的身份认同，为他们今后对狩猎行为的不同态度埋下了伏笔，第一次布尔战争将这种矛盾再次激化，阿非利坎人的民族心理得到进一步加强。可以说南非国家公园的建立得益于民族主义思潮的兴起，其实质是逐渐形成共同体意识的阿非利坎人与欧洲白人、部落黑人对野生动物资源的争夺。

　　如今，南非通过构建包含《信息公开促进法》《国家公园法案》《国家环境管理法》及《南非国家公园信息公开手册》在内完备的法律体系与信息公开机制，为公众深度参与国家公园的建设与管理构筑了坚实的政策基石与制度保障。南非国家公园管理局进一步细化了利益相关者参与管理计划制定与修订的具体流程，确保这些流程既明确又可操作。尤为关键的是，南非开创了多样化的公众参与渠道，涵盖国家公园论坛交流、土地契约合作、社区共管模式、科研监测支持、环境教育普及、志愿服务贡献及捐赠资助等多个维度，广泛动员社会各界力量参与国家公园的管理。此外，南非国家公园管理局还设立了反馈与评估体系，旨在迅速响应并评估规划决策中的公众意见、捐赠资金运用成效及参与管理计划执行情况，确保公众的声音被充分倾听并得到反馈，从而不断优化管理实践。

专栏1-5　南非克鲁格国家公园

1.基本情况

克鲁格国家公园坐落于南非东北部，面积约2万平方千米。这座公园不仅是南非历史最为悠久的自然保护区，更在非洲大陆独占鳌头，以其庞大的规模跻身顶级野生动物保护区的行列。克鲁格国家公园于1898年由布尔共和国总统保罗·克鲁格亲手缔造，初衷在于捍卫萨贝尔河畔野生动物的生存权益，遏制猖獗的偷猎活动。

如今，克鲁格国家公园不仅是生态旅游爱好者的天堂，更是全球动物保护、环境维护与科研探索领域的领航者。这里丰富的生物多样性令人叹为观止，汇聚了517种鸟类、147种大型哺乳动物及114种爬行动物，其中包括黑犀牛、非洲野狗等珍稀濒危物种。

在这片无垠的原野上，游客有机会亲眼见证非洲五大兽——非洲狮、非洲豹、非洲象、非洲犀牛、非洲水牛的雄姿，以及秃鹫、隼等猛禽翱翔天际的景象；而河流近岸则是鳄鱼潜伏的秘境，为这幅生态画卷添上了几分神秘与惊险。在每年的6月至9月，随着旱季的来临，克鲁格国家公园成为观赏野生动物活动的最佳地点。

2.核心价值

克鲁格国家公园的核心价值主要体现在其丰富的生物多样性、广阔的地理范围，以及作为野生动物保护区的成功实践。公园的管理部门采取了一系列措施来保护当地的野生动植物群落，包括采用科学的狩猎控制政策以控制物种数量、提供教育和培训计划，以及加强与周边社区的合作，以确保可持续的发展和资源保护。这些措施体现了克鲁格国家公园在保护生态环境和促进地方经济发展方面的综合价值。

克鲁格国家公园以其卓越的管理体系著称，为游客精心设计了多样化的游览体验。游客既可选择自驾深入探索，也可搭乘公园内配备的专业导览车，享受由资深讲解员带来的丰富知识盛宴。克鲁格国家公园周边区域还设有特定的保护地带，这些区域往往以围栏为界，旨在保护那些较为隐秘、不易在日常游览中近距离接触的珍稀物种。这些特定区域不仅丰富了公园的生物多样性展示，也为寻求更深度、更广阔自然探索体验的游客开辟了新的天地。

此外，克鲁格国家公园还有其独特的地质价值，拥有一个形成于古元古代的弗里德堡陨石坑，这是地球上发现的最古老的星斑，半径约190千米，是最大的，也是侵蚀最深的陨石坑，显示了其在地质学研究领域的重要性。克鲁格国家公园不仅是一个观赏野生动物的绝佳地点，还是一个能够让人深入体验非洲大自然魅力的地方。

三、中国国家公园的发展历程

中国的国家公园体系经历了从概念引入到实践，再到体制建设的逐步成熟过程。中国的国家公园发展历程可以概括为四个阶段：思潮兴起阶段、早期探索阶段、试点阶段及正式成立阶段，逐步构建起一个科学、系统的国家公园管理体系。这一进程不仅彰显了中国在全球生态保护领域的责任和担当，也为实现人与自然和谐共生的美好愿景奠定了坚实的基础。随着国家公园体系的不断完善，中国正朝着建设全世界最大的国家公园体系的目标稳步迈进，为保护生物多样性、维护生态安全、促进可持续发展做出了积极贡献。

（一）思潮兴起阶段（1930年至1956年）

清末至民国初期，国家公园的概念伴随着各类西方思想进入中国。20世纪30年代，国内兴起了探索建设国家公园的思潮。在这一背景下，著名风景园林设计家陈植于1930年编纂了国立太湖公园规划蓝图，其中将"National Park"这一英文术语译为"国立公园"，旨在阐明其非同寻常的定位——国立公

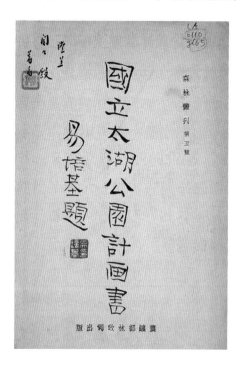

◎《国立太湖公园计画书》书影

园并非普通休闲场所，而是旨在实现对特定区域内自然景观的永恒守护，以供广大民众共享与欣赏[1]。

（二）早期探索阶段（1956年至2013年）

中国的自然保护工作经历了从无到有、从单一到综合的发展过程。1956年，鼎湖山国家级自然保护区成为中国首个自然保护区，标志着中国迈出了生物多样性及生态系统保护的重要一步。20世纪70年代，传统风景区的振兴与保护管理工作使得中国开始了国家公园理论和实践的初步探索。1982年，中国正式确立了风景名胜区管理体系，标志着国家层面对于自然与文化景观保护的重视。在这一历史节点上，国务院审慎评定了首批共44处国家重点风景名胜区并予以公布，同时，林业主管部门也迈出了关键一步，批准设立了首个森林公园——湖南张家界国家森林公园，此举不仅丰富了旅游资源，更为后续国家公园建设中自然与人文景观和谐共生的理念奠定了基石。

进入20世纪90年代，中国的自然保护领域在法治保障方面取得新突破。1994年，《中华人民共和国自然保护区条例》正式颁布，作为首个专注于自然保护区领域的专项法律规章，这一里程碑式的立法，不仅推动了自然保护区管理体制的深刻变革，还加速了构建更为科学化、高效率管理模式的进程。1996年，云南省率先开展国家公园探索，并于2005年成立了香格里拉普达措国家公园管理局，在国家公园体系建设领域展开了积极尝试。2008年6月，原国家林业局批复同意云南省为国家公园建设试点省。在这一时期，云南省启动了包括普达措、丽江

1　李海韵、王洁、徐瑾：《我国国家公园理论与实践的发展历程》，《自然保护地》2021年第4期。

老君山、西双版纳、梅里雪山、普洱高黎贡山、大围山、南滚河等在内的多个国家公园项目的规划与建设工作。虽然这一阶段的云南省国家公园并不符合国家公园准入要求中"由国家批准设立"的标准，但是这些实践为后续全国性国家公园网络的形成奠定了坚实基础。

随着时代的发展，中国在自然保护领域逐步构建起一个相对全面而系统的保护网络，涵盖了自然保护区、风景名胜区、森林公园、地质公园及湿地公园等多种类型，为国家公园体制构想的提出铺设了坚实的基石。在此过程中，中国积极吸纳国际先进经验，同时紧密结合国内具体国情，勇于探索并形成了独具中国特色的自然保护路径与模式。

（三）试点阶段（2013年至2020年）

自2013年召开的党的十八届三中全会首倡构建国家公园体制以来，政府陆续发布了一系列政策措施，全面规划并详细部署了国家公园建设的宏观导向、核心目标、建设要点、管理部门及其角色定位与功能界定，其中鲜明提出构建国土空间开发与保护并行的新制度框架，并将国家公园体制的确立视为国家战略层面的重要举措，标志着国家公园建设被提升至国家战略高度。

2015年1月，为推动上述战略的深入实施，国家发展和改革委员会携手12个相关部门共同发布了《关于印发建立国家公园体制试点方案的通知》，此举不仅是对国家层面战略的细化执行，也标志着国家公园试点项目的实质性启动。2015年10月，党的十八届五中全会审议通过的《关于制定国民经济和社会发展第十三个五年规划的建议》中，国家公园整合设立的重要性被再次置于聚光灯下，凸显其在维护生态平衡与推动可持续发展中的核心战略地位。尤为引人瞩目的是，2015年底，《中国三江源国家公园体制试点方案》获得批准，标志着中国首个国家公园体制试点项目正式启动。这一里程碑事件不仅彰显了中国在生态文明制度建设上的深入探索与显著进展，更深刻映射出国家对环境保护及推动绿色发展模式转型的坚定信念与不懈努力。

2017年9月，中共中央办公厅、国务院办公厅共同颁布了《建立国家公园体制总体方案》，该蓝图深入阐述了旨在打造统一、标准化且高效运作的，具有鲜明中国特色的国家公园体制的战略愿景，并着重聚焦于构建一个基于科学分类、旨在实现高效保护的自然保护地系统框架。同年10月，党的十九大报告强调了国家公园在自然保护地架构中的核心引领地位，这不仅意味着国家公园建设已进入实质性实施阶段，也体现了国家对生态文明建设的持续关注。

2018年4月，国家林业和草原局正式成立，并被赋予国家公园管理局的职能，此举清晰界定了国家公园管理局的核心职责——监督与管理各类自然保护区域，特别是国家公园。2019年6月，中共中央办公厅、国务院办公厅正式出台《关于建立以国家公园为主体的自然保护地体系的指导意见》，进一步巩固了以国家公园为引领、自然保护区为基石，辅以其他类型自然公园的全面保护框架。这一举措标志着中国国家公园体制的高层设计迈出了关键一步，确立了国家公园在全国自然保护地网络中的主导地位，为推进国家生态文明构建铺设了更为稳固的制度基石。

至2019年底，中国已成功设立了首批共计10个国家公园体制试点区域，广泛覆盖了包括三江源、大熊猫、东北虎豹、祁连山、武夷山、海南热带雨林、神农架、普达措、钱江源及南山在内的10个关键生态和文化板块，横跨12个省域，总覆盖面积达到22.3万平方千米。上述试点的确立，不仅有效维护了热带雨林、亚热带常绿阔叶林、温带针阔混交林以及荒漠草原等多元生态系统，还成为大熊猫、东北虎等珍稀濒危物种的庇护所，彰显了中国在推进生态文明构建与生物多样性保护领域的坚定意志与切实努力。通过这一系列连贯的政策部署和实践探索，中国的国家公园体制建设正逐步展现出其深远的意义和积极的影响。

表1-5 国家公园建设领域的重要政策文件与重大事件

发布时间	政策文件与重大事件	颁发机构	主要内容
2013.11	《关于全面深化改革若干重大问题的决定》	中共中央	首次提出"建立国家公园体制"
2015.01	《建立国家公园体制试点方案》	国家发展改革委等13个部门	确立了9个省市作为国家公园试点的先行区域，并制定了严谨的选择标准以遴选合适的试点区域
2015.09	《生态文明体制改革总体方案》	中共中央、国务院	提出改革各部门分头设置自然保护区、风景名胜区、文化自然遗产、地质公园、森林公园等体制，对上述自然保护地进行功能重组，合理界定国家公园范围
2017.09	《建立国家公园体制总体方案》	中共中央办公厅、国务院办公厅	明确"国家公园是我国自然保护地最重要类型之一""国家公园建立后，在相关区域内一律不再保留或设立其他自然保护地类型"，明确国家公园体制试点的主要内容

发布时间	政策文件与重大事件	颁发机构	主要内容
2017.10	党的十九大报告		提出建立以国家公园为主体的自然保护地体系
2018.03	《深化党和国家机构改革方案》	中共中央	组建国家林业和草原局,加挂国家公园管理局牌子
2019.06	《关于建立以国家公园为主体的自然保护地体系的指导意见》	中共中央办公厅、国务院办公厅	"确立国家公园在维护国家生态安全关键区域中的首要地位""确定国家公园保护价值和生态功能在全国自然保护地体系中的主体地位""到2020年,提出国家公园及各类自然保护地总体布局和发展规划,完成国家公园体制试点,设立一批国家公园"
2021.10	第一批国家公园正式成立		习近平主席在联合国《生物多样性公约》第十五次缔约方大会领导人峰会上宣布设立第一批国家公园
2022.03	《国家公园等自然保护地建设及野生动植物保护重大工程建设规划(2021—2035年)》	国家林业和草原局、国家发展改革委、财政部、自然资源部、农业农村部	全面推进国家公园建设、国家级自然保护区建设、国家级自然公园建设、野生动植物保护建设,推进自然保护地体系生态保护
2022.10	党的二十大报告		提出推进以国家公园为主体的自然保护地体系建设
2022.12	《国家公园空间布局方案》	国家林业和草原局、财政部、自然资源部、生态环境部	遴选出49个国家公园候选区,总面积约110万平方千米,保护面积居世界首位
2024.07	《关于进一步全面深化改革、推进中国式现代化的决定》	中共中央	全面推进以国家公园为主体的自然保护地体系建设
2024.09	《国家公园法(草案)》		《国家公园法(草案)》首次审议

党的十八届三中全会以来
中国国家公园的发展历程

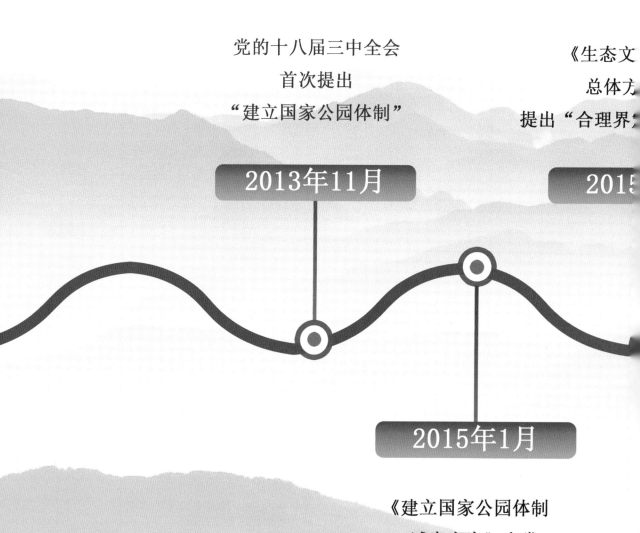

党的十八届三中全会
首次提出
"建立国家公园体制"

2013年11月

《生态文
总体方
提出"合理界

2015

2015年1月

《建立国家公园体制
试点方案》印发

间布局方案》
发

《国家公园法(草案)》
首次审议

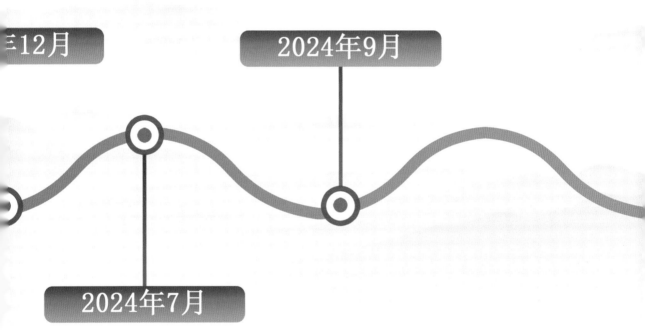

三12月

2024年9月

2024年7月

党的二十届三中全会提出
全面推进以国家公园为主体
的自然保护地体系建设

党的二十届三中全会对国家公园建设作出安排部署，明确提出要"全面推进以国家公园为主体的自然保护地体系建设"，为显著增强生物多样性保护能力，形成国际领先的生物多样性保护新格局，维护国家生态安全、全面推进美丽中国建设、实现人与自然和谐共生的中国式现代化提供有力支撑。

专栏1-6　武夷山国家公园

1.基本情况

武夷山国家公园横跨江西、福建两省，总面积1280平方千米，处于两省交界武夷山脉北麓区域，涉及福建省、江西省，武夷山市、建阳区、光泽县、邵武市、铅山县5个县（区、市）12个乡（镇），其中福建省域内面积1001.41平方千米，占总面积的78.2%。公园属中亚热带季风气候型，年均气温约17～19℃，温暖湿润，四季分明。公园中的水资源与森林资源、生物多样性丰富。2017年，武夷山国家公园管理局正式成立，武夷山国家公园开始建设。2021年9月30日，经国务院批准设立武夷山国家公园。同年10月12日，武夷山国家公园被正式纳入第一批国家公园的名录之中。

◎ 2022-26(5-5) J.《武夷山国家公园》

2.核心价值

武夷山国家公园以其令人叹为观止的自然景观、丰富的生物多样性和文化遗产而闻名世界。园内自然风景秀丽，自然地貌丰富，既有奇峰高耸入云、峡谷蜿蜒密布，又有河流纵横交错、森林拔地而起。自然景观围绕武夷山山体分布，园内最高峰为黄岗山，海拔2158米。九曲溪是园区内最具标志性的特色之一，宛如丝带嵌于山间，形成了风景如画的悬崖、瀑布和茶园景观，游客可乘船沿河欣赏壮丽的风景。武夷山国家公园内拥有世界上同纬度地带现存最典型、面积最广、保护最完好的中亚热带原始森林生态系统。这些森林为许多稀有和特有的物种提供了栖息地。据统计，国家公园内拥有3000多种植物，包括许多药草和稀有兰花。同时这里也是野生动物的天堂，迄今已经在武夷山内发现中国大鲵、云豹、中国鬣和中国黑熊等珍贵物种。此外，武夷山国家公园蕴含着丰富的人文资源，包括代表古越文化的汉城遗址、代表理学文化的书院与碑刻及御茶园景观等。武夷山以其传统的茶文化而闻名，其中武夷岩茶最为著名，因其独特的风味和香气而备受推崇，游客可以在武夷山国家公园内参加茶道，参观茶园，了解制茶技术。从雄伟的山脉和蜿蜒的河流到多样化的动植物，武夷山国家公园为中国生态多样性保护和文化多样性传承都做出了不可替代的贡献。

专栏1-7　三江源国家公园

1.基本情况

三江源国家公园地处青海省西南部，总面积19.07万平方千米，是中国西部地区最大的国家公园之一。园区平均海拔4700米以上，属青藏高原气候大区，具有冷暖两季、雨热同季的气候特征。三江源国家公园建设旨在保护和修复中国三大河流的发源地，即长江、黄河和澜沧江的源头区域。公园的建设包括生态修复、资源保护、科学研究和公众教育等多个方面。2016年3月，中共中央办公厅与国务院办公厅联合颁布了《关于三江源国家公园体制试点的实施方案》，此举标志着三江源国家公园的建设项目进入了实施阶段。同年4月13日，青海省拉开了三江源国家公园体制试点的序幕，标志着这一重要生态保护举措正式启动。历经数年的精心筹备与实践探索，2021年9月30日，国务院正式批复并确立了三江源国家公园成立，此举为该区域的生态环境保护与长期可持续发展构筑了稳固的制度框架与基石。

◎2022-26（5-21）J.《三江源国家公园》

2.核心价值

三江源国家公园内有大片的高山草甸、湿地、森林和冰川等自然景观，是众多珍稀濒危物种的栖息地，包括藏羚羊、雪豹、黑颈鹤等。公园还拥有丰富的水资源，是中国重要的水源地之一，对保障长江、黄河和澜沧江的水量和水质具有重要意义。除了丰富的自然资源，三江源国家公园还蕴含着璀璨多样的人文资源。三江源是中国西部地区藏族、土族和羌族等少数民族的聚居地，拥有别样独特的文化传统。公园内有许多具有历史和文化价值的遗址、庙宇和村落，如塔尔寺、祁连山土族祭祀场等，吸引着众多游客和研究者前来探索。三江源国家公园的建设对于保护青藏高原生态环境、维护水资源安全和促进可持续发展具有重要意义。公园的建设实践可以为中国和其他国家的生态保护地建设和可持续发展提供可借鉴的经验和模式。

专栏1-8　大熊猫国家公园

1.基本情况

大熊猫国家公园位于中国西部地区，由四川省的岷山片区、邛崃山—大相岭片区，陕西省的秦岭片区，以及甘肃省的白水江片区四大核心板块构成，总规划面积达到27134平方千米，内含逾80种各具特色的自然保护区域。该试点区域内栖息着约1630只野生大熊猫，占全国野生大熊猫总数的87.50%。大熊猫的栖息地面积为18056平方千米，占全国大熊猫栖息地总面积的70.08%[1]。

大熊猫国家公园的构想最初萌芽于2016年4月8日，这一创新理念源于中央经济体制与生态文明体制改革专项小组举行的一次专题研讨会。会议聚焦于四川、甘肃、陕西三省大熊猫核心栖息地的保护与可持续利用，提出了整合性策略，旨在通过构建国家公园，实现对这一珍稀物种及其生活环境的全面守护。这一提议不仅标志着生态保护思想的新飞跃，也预示着中国自然保护事业迈向了更加协同与高效的发展路径。经过两年的规划与推进，于2018年在成都成立了大熊猫国家公园管理局。至2021年10月，国务院正式批准设立大熊猫国家公园。

2.核心价值

大熊猫国家公园内山脉起伏，森林茂密，草原广袤，湖泊和河流纵横交错。这里生态系统类型多样，生活着大熊猫、金丝猴、雪豹、藏羚羊等众多珍稀濒危物种，以及大量的植物和昆虫。公园内的自然景观壮美，如四姑娘山、贡嘎山等山脉，以及九寨沟、黄龙等自然景点，吸引着众多游客和自然爱好者。园内还拥有丰富的人文资源。公园周边地区分布着多个少数民族聚居地，如藏族、羌族、彝族等，保留着独特的文化传统和生活方式。此外，公园内还有许多历史遗迹和文化景

1　黄骁、王梦君、唐占奎：《大熊猫国家公园生态教育和自然体验发展思路研究》，《林业建设》2020年第2期。

◎ 2022-26（5-2）
J.《大熊猫国家
公园》

点，如古老的寺庙、村落等，展示其悠久的历史和丰富的文化。大熊猫作为中国的国宝，也是全球生物多样性的重要组成部分。通过建立国家公园，可以提供更为周密的保护，使大熊猫及其栖息地完整性不受损害，促进物种繁衍和维持生态平衡。大熊猫国家公园的建设体现了中国政府对生态保护和可持续发展的重视，还为科研、教育和生态旅游提供了平台。科研机构和教育机构可以在园内开展生物多样性调查、生态环境监测和研究等工作，为保护和管理提供科学依据，也为游客提供了解自然和人文的机会，促进了生态旅游的发展。

专栏1-9 东北虎豹国家公园

1.基本情况

东北虎豹国家公园位于长白山支脉的南部，总面积为1.46万平方千米，其中吉林省部分占71%，黑龙江省部分占29%。此区域覆盖了12处自然保护实体，包括7处自然保护区、3座国家级森林公园、1处国家级湿地公园，以及1处国家级水产种质资源保护区域。从行政区划视角来看，它横跨吉林省的珲春、汪清、图们3个市（县）和黑龙江省的东宁、穆棱、宁安3个市（县）17个乡镇和105个行政村落。此外，还包括65个国有林场、12个地方国有林场及3个国家级的农场。公园内部的地形多样，主要由中低山、峡谷及丘陵等自然形态构成，此外还融入了盆地、台地和平原等多种地貌特征，形成了复杂多变的地理景观。2017年8月19日，东北虎豹国家公园国有自然资源资产管理局在长春正式挂牌。2021年9月30日，国务院正式批准设立东北虎豹国家公园。

2.核心价值

在北半球的温带地区，原始的天然林区已经相当稀少，主要分布在北美的东北部、欧洲的东部及亚洲的东北部这三个区域。特别是亚洲东北部的温带针叶与阔叶混交林，在生物多样性方面尤为突出，其丰富度远超北美和欧洲的同类林区。这片亚洲独有的温带针叶与阔叶混交林，作为众多生物种类的庇护所，享有"珍稀生物基因宝库"与"自然历史展览馆"的美誉，其独特性在全球范围内都属罕见。东北虎豹国家公园正坐落于这一生态系统的心脏地带，自然风光既壮丽又迷人。老爷岭

◎ 2022-26（5-3）
J.《东北虎豹国家公园》

山脉群峰巍峨，林木葱郁，展现出无垠的绿意与深邃。在这片森林的怀抱中，挺拔的红松如巨人般矗立，而古老的东北红豆杉则悄然隐身于林间，诉说着千年的故事。公园内蕴藏着极其丰富的温带森林植被种类，构成了一个生机勃勃的自然世界。

据粗略统计，该地区的高等植物种类多达数千种，涵盖了药用植物、野生蔬菜、野果、香料、蜜源、观赏植物及木材等各类植物资源。其中也包括一些珍稀濒危的物种，被列为国家重点保护对象。

东北虎豹国家公园内完好地保存了该地区最为全面且最具代表性的野生动物群落。当前，该公园内构建了一个由大型至中小型兽类组成的完整生态食物链系统，这一现象在中国境内显得尤为珍稀与独特。中国自然生态系统中，东北虎豹的栖居地尤为关键。建立东北虎豹国家公园，其宗旨在于守护这些标志性的生物种群及其赖以生存的环境，确保生态系统的原貌与完整性得以维持，进而推动人类与自然环境的和谐共存与共同发展。公园的设立对于保护东北虎、东北豹的野外种群及其栖息地、保持生态系统的原始性和完整性具有重要作用。东北虎豹国家公园在探索生态产品价值实现机制方面也做出了积极贡献。通过科学合理的价值核算方法，评估了公园内森林生态产品的物质量、价值量及变动情况，为生态产品的开发利用提供了科学依据。

専欄1-10　海南热带雨林国家公园

1.基本情况

海南热带雨林国家公园的地理位置从海南省万宁市南桥镇延伸至东方市板桥镇，南达保亭黎族苗族自治县毛感乡，北抵白沙黎族自治县青松乡。该公园拥有亚洲热带雨林与世界季风性常绿阔叶林交汇带上独一无二的"大陆性岛屿型"热带雨林，规划面积超过4400平方千米。公园位于热带北部边缘，属于热带海洋性季风气候，日照充足，年均温度22.5~26.0℃，多年平均降水量达到1759毫米。园内水系属于南海流域，众多山间小溪流最终汇入南渡江、万泉河、昌化江；吊罗山以南的水系流入陵水河并注入南海；尖峰岭的西侧和南侧水系直接注入南海。2019年1月23日，中央全面深化改革委员会第六次会议审议并通过了《海南热带雨林国家公园体制试点方案》。随后，2019年4月1日，海南热带雨林国家公园管理局正式揭牌。2021年9月30日，国务院正式批准设立海南热带雨林国家公园。

2.核心价值

海南的热带雨林，作为全球热带雨林版图中不可或缺的一环，其独特之处在于其在中国境内集中分布，保存状态完好且连续覆盖面积广阔，构成了全球瞩目的种质资源基因宝库。这一区域不仅是中国热带生物多样性保护的核心领地，也跻身于全球生物多样性保护的关键

◎ 2022-26（5-4）
J.《海南热带雨林
国家公园》

热点区域之列。海南热带雨林国家公园的核心价值彰显于三大方面：

首先，它作为岛屿型热带雨林的典范，展现了亚洲热带雨林向常绿阔叶林自然过渡的独特森林生态景观。以五指山为中枢，辐射至吊罗山、尖峰岭、霸王岭及黎母山等地，形成了层次分明的垂直地带性植被体系，展现了植被类型、物种构成及旗舰物种的高度完整性，维系了极为原始真实的热带自然生态系统。

其次，该公园是生物多样性与遗传资源的珍贵宝库，容纳了海南、中国乃至世界范围内独有的动植物种类及其种质基因，在科学研究与保护方面有着不可估量的价值。这里是全球极度濒危的海南长臂猿的唯一栖息地，目前仅存7群约42只，其保护意义尤为重大。

再次，海南热带雨林国家公园是海南岛生态安全的重要屏障。该公园不仅是全岛的生态重点保护区，更是森林生态资源富集区，众多海南岛主要河流均发源于此。该区域不仅是宝贵的水源地，也是抵御风灾、洪涝等自然灾害的重要生态防线，对于维护海南岛乃至周边地区的生态平衡具有不可估量的价值。

武夷山国家公园

碧水丹山、世界双遗：武夷山价值发现

　　武夷山申报"世界文化与自然遗产"获得成功，这是了不起的成绩。……"世界文化与自然遗产"这个无形的价值是无法估量的，它对于武夷山今后的旅游事业的发展有着非常深远的意义，它会很快地带来旅游上的一个热潮。这篇文章要好好做。

——1999年12月，时任福建省代省长

习近平到南平市调研时的讲话

第一节　自然生态原真完整

一、全球同纬度中亚热带森林生态系统的典型代表

武夷山国家公园保存着中国浙闽沿海东南山地最典型、世界同纬度带最完整、面积最大的中亚热带原生性森林生态系统，拥有210.70平方千米未受人为破坏的原生性森林植被。类型多样、结构完整、功能完善的森林生态系统有效抵御了各类

◎ 针阔混交林（黄海　摄）

◎ 常绿阔叶林（黄海 摄）

自然灾害，是中国东南生态安全屏障。武夷山完整的森林生态系统囊括了中国中亚热带地区几乎所有的森林生态系统，为野生动植物的生存和繁衍提供了良好的环境，奠定了该区域生物多样性的基础。

二、中国东南大陆最完整的植物垂直带谱

武夷山国家公园有着中国东南大陆最完整的垂直带谱，自低至高依次分布着常绿阔叶林、针阔混交林、针叶林、中山苔藓矮曲林、中山草甸，形成5个典型的植被垂直带谱，每一层都承载着独特的生物种群，展现出生态多样性的独特魅力。

◎ 针叶林（黄海 摄）

◎ 中山苔藓矮曲林（黄海 摄）

◎ 中山草甸（黄海 摄）

武夷山国家公园海拔高差大，植被垂直分布显著，植被在小范围内因地形、气候变化而表现出群落镶嵌现象突出、过渡地带类型多样的分布规律，在中国东部中亚热带具有典型性和代表性。武夷山独特的地质地貌和丰富的生物资源，构成了一个独一无二的生态系统，成为研究生物多样性、生态平衡和自然演化的理想场所。

三、多种生态系统共存的生命共同体

武夷山国家公园生态系统以森林生态系统为主体，其次为草地生态系统与湿地生态系统，在原住民居住区域分布着部分农田生态系统，山水林田湖草共同组成了武夷山国家公园的生命共同体。

武夷山的森林生态系统包含常绿阔叶林、暖性针叶林、温性针叶林、针阔叶混交林等11种植被型，其中包含16个植被亚型、29个群系组、62个群系，囊括了中国中亚热带地区所有的植被类型。草地生态系统主要以拟芒草、麦氏草等禾草类植物为主。湿地生态系统可分为河流、沼泽和人工湿地生态系统3个类型，是闽江3个源头——建溪、富屯溪、沙溪的发源地，同时也是信江一级支流铅山河的发源地。这些复杂多样的生态系统发挥的涵养水源、保持土壤、调节气候乃至维系生物多样性等重要生态功能为华东地区乃至全国的生态安全提供了坚实保障。

第二章

第二节　自然风光独树一帜

一、丹山人间仙境

"奇峰怪石，色如朱丹，灿若明霞，碧水相映，美若仙人"，大自然的神奇力量造就了雄、奇、秀、险、幽旷的丹霞地貌，气势磅礴的景观让人流连忘返，而这种奇特的丹霞地貌正是在中国命名并发展起来的一种地貌类型。在世界范围内，丹霞地貌主要分布在中国、美国西部、中欧和澳大利亚等地，其中又以中国分布最为广泛、数量最多，具有较高的科学价值和美学价值。中国也是研究丹霞地貌最早且最深入的国家。

武夷山地处亚热带季风气候区，雨量充沛，为丹霞地貌的形成提供了充分的自然条件。武夷丹霞主要发源于侏罗纪至第三纪的水平或缓倾的红色地层中，其基底主要为白垩纪晚期的红色砂砾岩。由于远古时期地壳运动，导致远古的湖盆上升，使沉积在底部的红色砂砾岩层得以露出水面，形成武夷山山体峰岩。根据武夷山典型丹霞地貌分布图，在三仰峰、莲花峰附近有550米夷平面，天游峰北部一带有450米夷平面，水帘洞以东、曼陀峰以西有350米夷平面；同时，在武夷山的崇阳溪、黄柏溪、九曲溪等水域周边广泛分布着1~5级河流阶地，这些夷平面与河流阶地都见证着武夷山地层的上升。地层上升形成的山体峰岩经过长期的风化剥离、流水侵蚀、岩石崩塌等外力

◎ 武夷山大王峰（林翠泽　绘）

作用，最终形成了孤立的山峰和陡峭的奇岩怪石，塑造出典型而又独具特色的武夷丹霞地貌景观，产生独特的美学效果。

武夷山典型丹霞地貌主要包含溪南壮年幼年丹霞地貌区和溪北壮年幼年丹霞地貌区。溪南区域丹霞地貌大多处于壮年期，小部分仍处于幼年期，囊括了近水平岩层丹霞地貌（如一线天一带7~8度近水平岩层）和缓倾斜丹霞地貌（如虎啸岩一带12度左右倾斜岩层），这类丹霞地貌的典型景观还包括晒布岩、风洞岩、天游峰、玉女峰、铁板嶂、壶穴与圆潭等。以九曲溪为界的溪北区域丹霞地貌壮年幼年期并存，该区丹霞地貌多位于九曲溪左岸一带，受九曲溪深切曲流

◎ 大王峰崖壁（梁天雄　摄）

◎ 晒布岩（郑友裕　摄）

作用，与岩层断裂、崩塌作用，凹岸被侵蚀，成为陡崖，凸岸受淤积，则成为边滩。这类丹霞地貌的典型景观包括大王峰、幔亭峰、鹰嘴岩、白云岩、桃源洞、水帘洞、雪花泉瀑布、流香涧、云窝等。武夷山的丹霞地貌根据作用外力的不同可以分为以下几类：

表2-1　武夷山丹霞地貌分类表

地貌类型	地貌成因	地貌特征	典型景观
流水侵蚀作用下的丹霞地貌	流水沿岩层的裂隙等构造线下切侵蚀而形成	整体走势较陡，山麓处较为平缓	三仰峰、狮子峰等条状、块状丹霞地貌
	水流冲刷岩层裂缝，逐日侵蚀，伴随着诸多地质作用，致使裂缝不断扩大而形成	峡谷底部较为平缓，而岩壁较为陡峭，形成巷谷	九龙窠、清凉峡
		若流水流入岩体内部，则形成穿洞	一线天处的灵洞、风洞和伏羲洞等
	水流侵蚀垂直陡崖的岩壁，经年累月则会形成平行的小岩沟地貌	阔大平坦的岩石表面分布多条平行凹陷的流水轨迹	晒布岩
	河床或石漫滩上，处于低凹处的水流随流向发生旋转，带动砂石研磨河床而形成	大小不一的圆形壶穴	九曲溪的六曲处
崩塌作用下的丹霞地貌	受重力作用，悬空岩体沿原生构造节理或卸荷节理产生崩塌	岩堡、岩墙、岩柱、岩峰、石门等形态	大王峰、鹰嘴岩、玉女峰、鼓子峰、伏羲岩等
		崩塌作用下产生的石块堆积在山崖底部形成岩堆景观	桃源洞入口错乱堆叠的石块，散布于武夷山水边林间的寿桃石、伏虎岩、水龟石等
风化作用下的丹霞地貌	由于周期性温度变化而造成的岩石表面片状剥落作用	凹片状风化剥落作用下形成岩槽、岩洞、岩穴等	凌霄岩、水帘洞、虎啸岩以及一线天等处的风洞、灵洞、伏羲洞等
		凸片状风化剥落作用下形成浑圆的山顶、岩墙、岩柱等	玉柱峰、鹰嘴岩、墨鱼石等

总的来说，武夷山丹霞地貌在世界范围内具有独特的地位和重要性。它不仅是地质学家研究地壳演化过程的重要对象，也是旅游者观赏自然风光的绝佳去处。

二、碧水九曲灵秀

九曲溪发源于武夷山西部，是武夷山脉主峰——黄岗山西南麓的溪流，全长62.8千米，流域面积534.3平方千米，自西向东可分为上、中、下游，并于下游武夷宫处与崇阳溪汇合。从天游峰峰顶向西俯瞰九曲溪，可以看到它贯穿于交错的峰岩与纵横的溪流之中，形成三弯九曲之胜。一曲水光石，畅旷豁达；二曲镜台，曲谷丹崖；三曲仙钓台，虹桥奇观；四曲大藏峰，秀山媚水；五曲更衣台，深幽奇险；六曲隐屏峰，天游览胜；七曲响声岩，三仰雄伟；八曲上水狮，青山奇石；九曲磨盘石，锦绣平川。九曲景观多姿多彩，变化无穷，曲曲精妙。流水不仅塑造了奇特地貌，其本身也是一种极为生动活泼的景观，是武夷山丹霞峡谷地貌及丹山碧水风景精华所在，而位于武夷山北部450米的夷平面下游的水帘洞及雪花泉瀑布、止止庵瀑布等景观都颇负盛名。游人凭借一张竹筏沿九曲溪顺流而下，即可尽阅武夷秀色。"三三秀水清如玉"的九曲溪，与"六六奇峰翠插天"的三十六峰、七十二洞及九十九岩的绝妙结合，异于一般自然山水，是以奇秀深幽为特征的巧而精的天然山水园林。

© 天游峰飞瀑（梁天雄　摄）

三、奇秀胜甲东南

武夷山国家公园地处北纬27度，此地森林覆盖率高达96.72%，拥有地球同纬度最完整、最典型、保存面积最大的中亚热带原生性森林生态系统，同时也是中国典型的丹霞地貌景区和首批国家级重点风景名胜区之一，自然风光独树一帜，具有独特、罕见、绝妙的自然景观及深厚的历史文化内涵，于1999年被联合国教科文组织批准列为世界文化和自然遗产。

武夷山国家公园拥有胜甲东南的奇秀风景，素有"武夷山水天下奇，千峰万壑皆如画"的美誉。红色丹霞经过漫长的风雨雕琢，形成了形态各异的岩柱、陡崖，幽深清澈的九曲溪在群峰之间蜿蜒缠绵，构成"一溪贯群山，两岩列仙岫"的独特美景。

独特丹霞、奇山秀水、葱郁林木，共同构成了武夷山天然画卷美景，是中国同类地貌中山体最秀丽、类型最多、景观最集中、山水结合最好、视域景观

最佳、可入性最强的自然景观区之一。除此之外，武夷山的自然景观资源更是被赋予了丰富多彩的文化内涵，在中国名山中享有特殊地位。

◎ 人在画中游（黄海　摄）

第三节　文化遗存积淀深厚

一、文化名山古今交融

武夷山是儒、释、道三教名山。它曾是儒家学者倡道讲学之地，是新儒学的思想体系朱子理学的发源地，被儒家称为"闽邦邹鲁""道南理窟"。自唐宋以来，武夷山就为羽流佛家栖息之地，留下了诸多宗教活动遗迹。明清时期，武夷山佛教趋于兴盛，清代成为佛教"华胄八名山"之一。

武夷山自古就是中国道教名山之一，道家在武夷山修真的场所遍布全山，著名的武夷宫三清殿内立有一块碑刻："洞天仙府"。道教有三十六洞天、七十二福地之说，相传皆为仙人居住游憩之地。唐末五代初，杜光庭在《洞天福地记》里，把武夷山列为天下三十六洞天之一，称之为"第十六升真元化洞天"，道教南宗祖庭止止庵道观就位于此，在七十二福地中名列第十三福地。

如今，武夷山仍遗存有古宫观、寺庙遗址60余处，其中多处寺庙宫观被纳入世界遗产名录。

武夷山素有"道南理窟"之誉，宋代以来难以计数的理学家在武夷山游学、讲课、著书立说，尤以朱熹为最，武夷山也因此成为朱子理学的发源和传播地。距今约800年前，

◎ 武夷宫三清殿（陈美中　摄）

继孔子之后我国最伟大的哲学家、思想家、教育家朱熹，在武夷山创立了新儒学体系——朱子理学，使武夷山真正成为天下理学名山，朱子理学成为元代以来的主导思想与核心价值，在中国思想史上占有重要地位。北宋时期，当时士子对唐朝廷钦定的传统经学笺注提出质疑，在学术思想领域里大量渗透了佛学和道教思想的新学术思想正在酝酿替换旧学术思想，学术氛围格外活跃。在这种社会背景下，理学在儒学、道教、佛教相结合的基础上逐渐孕育发展起来。其中，朱熹于淳熙十年（1183年）在武夷九曲溪的五曲隐屏峰下亲建"武夷精舍"，聚集四方士子，讲学授徒，也引来许多知名理学家在武夷山创办书院、学堂。在武夷精舍的这段时光，朱熹以儒学为本，融合了道学、佛学思想，使理学思想更加完善、缜密，并逐步走向成熟。

至此，活跃于中华大地上的儒、释、道思想开始有机融合，极具中华文明特色的哲学思想体系终于在武夷山下诞生。在众多理学家的不懈弘扬和创新之下，元仁宗年间，朝廷诏颁武夷山学者胡安国的《春秋传》、朱熹的《四书章句集注》《诗集传》、蔡沈的《书集传》为科举取士的经文定本，从此武夷山在学术上长期处于全国领先的地位。民国《崇安县新

◎ 武夷精舍内景（黄海　摄）

◎ 叔圭精舍（黄海　摄）

志》对此不无自豪地写道："自此，本邑学术执全国之牛耳而笼罩百代矣！"明代，理学在武夷山仍有长足的发展，著名理学家王守仁（阳明）、李材、黄道周等人都曾在武夷山游学、授徒。

理学集大成者朱熹的一生与武夷山有着十分密切的关系，在他的71年生涯中，在武夷山为学、研读著述、讲学约40年，著作有70多部，系统地整理其理学思想，撰写了《易学启蒙》《孝经勘误》等著作，还校勘了《书经》《诗经》等。作为一种学说，朱子理学不仅成为中国官方思想体系，还曾在东亚和东南亚地区长期占据统治地位，并在哲学和政治方面影响了世界很大一部分地区。"东周出孔丘，南宋有朱熹，中国古文化，泰山与武夷"，这是中国著名学者蔡尚思对武夷山文化在中国古文化中所占重要地位的历史评价。

二、摩崖石刻艺术瑰宝

武夷山的自然奇景吸引了众多有识之士前来游览，各朝代的文人名士在武夷山留下的摩崖石刻星罗棋布。武夷山摩崖石刻起源于远古时代的记事方式，盛行于北朝时期，并在隋唐、宋元以后连绵不断。这些石刻作为中国古代的一个艺术种类，不仅见证了武夷山悠久的历史，也反映了中国古代文化的繁荣与发展，成为武夷山文化的重要组成部分。

武夷山的摩崖石刻大部分集中在九曲溪沿岸，这些石刻镌刻于碧水丹山之间，与周围的自然景观融为一体，形成了独特的艺术景观。据不完全统计，武夷山国家公园内有历代摩崖石刻450多处，其中朱熹题刻13方。这些题刻的字体、内容、篇幅各异，既有"武夷第一峰"的直白赞美，也有"道南理窟"的深邃思辨，堪称中国古书法艺术宝库。晚对峰上有清乾隆元年（1736年）状元马负书题的"道南理窟"，九曲溪第六曲响声岩下有朱熹题写的"逝者如斯"、理学家李材留下的"修身为本"等石刻。

武夷山摩崖石刻的书法风格多样，既有端庄工整的楷书，又有流畅洒脱的行书，还有豪放不羁的草书。这些石刻作品展示了中国古代书法的独特魅力，具有极高的艺术价值。石刻内容广泛，既有寄寓人生哲理和处世情怀的格言警句，如朱熹题刻的"逝者如斯"，借孔子之语表达时不我待的感慨；又有赞美山川秀丽和造化神奇的刻辞；还有记载寻幽览胜和逸兴别趣的游记等。这些石刻不仅丰富了武夷山的文化内涵，也为我们了解古代文人的思想情感提供了重要资

人与自然
和谐共生的福地

武夷山
国家公园

◎ 天游峰摩崖石刻（黄海　摄）

◎ 大王峰摩崖石刻（黄海　摄）

◎ 九曲溪摩崖石刻（黄海　摄）

料。武夷山摩崖石刻镌刻位置的选择颇具匠心，它们往往与
周围的自然景观相得益彰，形成一种独特的艺术美感。这些
石刻不仅点缀了武夷山的美丽风景，也体现了古代文人与自
然和谐共生的理念。

三、闽越王城汉风千年

武夷山不仅以其碧水丹山、举世无双的秀丽景色吸引了大批文人墨客至此驻留，还以其险峻的地势成为天然的军事屏障，同时其得天独厚的自然环境和丰富的资源也为都城的建立提供了良好的生活与生产条件。闽越王无诸选择在此建城，既是为了巩固统治、发展经济，也是为了传承和展示闽越文化的独特魅力。武夷山不仅是闽越王城的地理坐标，更是其历史、文化和战略的象征。

闽越王城，又称古汉城，位于武夷山南麓的兴田镇城村，地势险要，易守难攻。其始建于汉高祖五年（前202年），是西汉初年闽越王无诸受封于刘邦时所营建的一座王城。闽越王城的建立，不仅标志着闽越国政治中心的确立，也见证了中原文化与闽越文化的交流与融合。闽越国是福建历史上地方割据

◎ 闽越王城遗址（黄海 摄）

◎ 闽越王城博物馆（黄海 摄）

政权中出现时间最早、延续时间最长的诸侯国。存在了近一个世纪后，随着汉武帝的征伐，闽越国最终消失在历史中，部分族人被迁徙到江淮间，逐渐与汉族融合。

闽越王城依山傍水，横跨3座山丘，整体布局错落有致，体现了古代城市规划的智慧。城内宫殿、官署、住宅、作坊和墓葬等建筑遗存丰富，展示了当时社会的政治、经济和文化生活状况。特别是宫殿建筑，采用了干栏式建筑风格，融合了中原与南方的建筑特色，具有极高的历史和艺术价值。闽越王城

文化是中原文化与闽越文化融合的产物。无诸在位期间，积极吸收中原的先进技术和文化，推动了闽越国政治、经济和文化的发展。同时，闽越王城也保留了闽越族独特的文化传统，如蛇图腾崇拜、断发文身等习俗，形成了独具特色的文化风貌。闽越王城在选址和建筑上充分考虑了军事防御的需要，城址位于崇山峻岭之间，天然屏障与人工修筑的城墙相结合，形成了固若金汤的防御体系。这种军事防御思想在古代城市建设中具有重要地位。

闽越王城文化作为福建地区的重要历史文化遗产，对于传承和弘扬中华优秀传统文化具有重要意义。同时，这一文化也对后世产生了深远的影响，不仅在建筑、艺术等方面留下了丰富的遗产，也为研究中国古代历史和文化提供了重要的参考。

四、岩韵醇厚茶香万里

武夷山被誉为中国的茶叶之乡，其中，武夷岩茶（大红袍）于2006年入选首批国家级非物质文化遗产。

唐元和年间（806—820），孙樵在《送茶与焦刑部书》中提到"晚甘侯"，这是武夷茶别名的最早文字记载。宋代，

◎ 万里茶道起点——武夷山市下梅村（黄海 摄）

◎ 正山小种制作过程（梁天雄 摄）

中国饮茶风气盛行，此时的武夷茶颇受追捧。元代始，武夷茶正式成为皇室贡茶。元大德六年（1302年），朝廷特地在武夷山的四曲溪畔设置"御茶园"，武夷茶自此长期作为贡茶，进一步扩大了武夷茶的影响。明末清初，匠人们对制茶流程不断加以摸索与创新，出现了最早的乌龙茶。清代，武夷岩茶更是全面发展。嘉庆年间（1796—1820），有台湾商人从武夷山引进茶苗，种植在台北文山区鲦鱼坑，武夷山成为台湾茶叶最早有文献记载的发源地，两岸茶文化交流在武夷山留下深深的印记。17世纪，武夷茶开始外销，几十年后，武夷茶已发展成为一些欧洲人日常必需的饮料，当时一些欧洲人把武夷茶称为"中国茶"，英国最早的茶叶文献中的"Bohea"即为"武夷"之音译。19世纪20年代开始，武夷茶在亚非美一些国家试种，逐渐在30多个国家安家落户，武夷茶及其深厚文化底蕴名扬海外。武夷山的绿水青山孕育出底蕴深厚的茶文化，成为中国唯一的"茶文化艺术之乡"、世界红茶和乌龙茶发源地。特别是最古老的岩茶——母树大红袍，其独有的"岩骨花香"正是由武夷山独特的生态环境、气候条件和制茶师傅精湛的传统制作技艺造就的，早在2006年就入选首批国家级非物质文化遗产。武夷山源远流长的茶文化开创出"万里茶道"和海上丝绸之路的贸易传奇，成为中国与世界经济、文化交流的纽带。

从历史和科学的角度看，武夷山具有突出、普遍价值，不仅能为已消逝的古文明和文化传统提供独特的见证，而且与理学思想有着直接的、实质性的联系，是名副其实的历史文化名山。

第四节　生物多样性价值突出

一、中国生物多样性热点区

武夷山国家公园整合了武夷山国家级自然保护区、武夷山国家级风景名胜区、武夷山国家森林公园、九曲溪光倒刺鲃

◎ 武夷秋色（周君贤　摄）

国家级水产种质资源保护区等多种类型的自然保护地。这里具有独特的自然地理环境、原始而完整的亚热带山地森林生态系统、数量众多的珍稀濒危物种、高度集中的特有物种和古老孑遗物种。武夷山生物多样性丰富，拥有极其丰富的物种资源，是中亚热带野生动植物的种质基因库。

武夷山国家公园生态系统类型多样，分布有11种植被型、170多个群丛组，囊括了中国中亚热带地区所有植被类型，保存着大量完整无损、多种多样的林带，有210.7平方千米的原生性森林植被未受到人为破坏，是中国亚热带森林和中国南方雨林最大、最具有代表性的例证。武夷山国家公园的最高处——黄岗，海拔2160.8米，是中国大陆东南第一峰，有"华东屋脊"之美誉。武夷山垂直带谱层次明显，随着海拔升高，依次发布有阔叶林、竹林、针阔叶混交林、针叶林、灌<u>丛</u>和灌草丛、草甸等11个植被类型。需要特别指出的是，武夷山的植被垂直分布现象不是界线分明的，各植被带之间存在复合或交错现象，如山顶草甸与温性竹林带有海拔200米的复合交错区，针阔叶混交林带与温性针叶林带有海拔600米的复合交错

武夷山植物档案

秃房杜鹃，俗名东南杜鹃，它以种类、形态、花、叶色彩出奇的多样性地栽、盆栽于城市庭院、公园风景区等地，因其广泛的适应性被人们誉称为"花木之王"。本种略高于常见的杜鹃花种，花色更粉。

秃房杜鹃

（陈世品 摄）

油杉特产于我国，是古老的残遗树种，具有极高的科研价值、经济价值和生态价值，但由于人为干扰，破坏严重，成片森林极少，已列入国家二级保护植物。目前仅存的成片油杉林，多在寺庙附近和风景区，已实行封禁保护。

油 杉

（陈世品 摄）

建 兰
（陈世品 摄）

建兰因其花色淡雅且香气怡人而广受喜爱。建兰花型优雅，花淡黄绿色带有紫斑，且香味清新持久。建兰喜阴喜湿，适应力强，且花期较长，主要生长在山地湿润的阴凉地带。

南方铁杉
（黄海 摄）

南方铁杉是我国第三纪孑遗植物的特有种，枝条树冠互不交叉重叠、互不干扰，形态舒张挺拔。木材纹理均匀，材质坚硬，是古代重要的建筑材料。由于生长得缓慢、发芽困难，分布广数量却少而分散，属于濒危种。

区，常绿阔叶林带与暖性针叶林带有海拔900米的复合交错区等。武夷山的物种丰富度居世界大陆区系前列，保存着大量古老珍稀的植物物种，其中很多是中国独有的。国家公园内共记录高等植物269科2799种，包括苔藓植物70科345种、蕨类植物40科314种、裸子植物7科26种和被子植物152科2114种，既有大量亚热带物种，又有从北方温带分布至此，以及从南方热带延伸至此的种类，堪称"天然植物园"。植物学家们推断，保护区内还有相当一部分物种未被人们发现并定名。除植物外，这里还生存着大量爬行类、两栖类和昆虫类动物。目前武夷山共记录有野生脊椎动物769种，其中哺乳类95种、鸟类430种、爬行类99种、两栖类50种、鱼类95种，列入《濒危野生动植物物种国际贸易公约》的动物有48种。此外，还有崇安髭蟾、挂墩后棱蛇、白眉山鹧鸪等大量稀有特有动物种类以及草鸮、猪尾鼠、拉氏鼹等特有罕见动物。在野生脊椎动物中，74种为中国特有种。有昆虫6849种，约占中国昆虫种数的1/5。全世界昆虫共有34个目，在武夷山国家公园中就能找到31个目。

二、全球生物圈保护关键区

武夷山国家公园是全球生物多样性保护的关键地区，是许多古代孑遗植物的避难所，也是尚存的珍稀、濒危物种栖息地，如这里是黄腹角雉、金斑喙凤蝶等珍稀濒危物种在国内的重要分布区。武夷山的地理位置、地形地貌、气候和土壤特征等造就了复杂多样的生态环境，而且这里的生态环境受人为干扰少，特别是武夷山自然保护区建立后，生态环境总体十分稳定，曾经受人为破坏的部分区域也逐步得到恢复。多样而良好

◎ 国家一级保护动物——金斑喙凤蝶（周君贤　摄）

的生态环境不仅有利于物种的繁衍，而且对物种优良基因的遗传具有重要的作用。武夷山由此成为中国东南部优秀的物种形成分化中心，在生物多样性保护上具有特殊价值。这也是武夷山国家公园成为全国唯一一个既加入世界人与生物圈组织，又是建立在"双世遗"上的重要自然保护地，同时也是世界著名的生物模式标本产地和中国东南部具有全球意义且最富盛名的生物多样性保护关键区的原因之一。生物圈保护区是联合国教科文组织人与生物圈计划的核心部分，具有保护、可持续发展、科研教学、培训、监测等多种功能。武夷山正是中国加入世界人与生物圈保护网的20多个自然保护区之一。武夷山的生物多样性是世界"双遗产"价值的重要组成部分，保护好大自然赐予我们的这块瑰宝，对全球都有突出意义。

◎ 武夷山发现的新物种——武夷林蛙
（吴延庆　摄）

◎ 武夷山发现的新物种——雨神角蟾
（凯文·梅辛杰 Kevin R. Messenger　摄）

◎ 武夷山发现的新物种——多形油囊蘑（颜俊清 摄）

◎ 武夷山发现的新物种——福建天麻（陈新艳　摄）

◎ 国家一级保护动物——黑麂（徐自坤　摄）

◎ 国家二级保护动物——阳彩臂金龟（徐自坤　摄）

武夷山——鸟的天堂

白腿小隼
（游牧 绘）

白腿小隼属隼科小隼属，头、头侧、后颈和整个上体黑色，前额有一道白色细线，主要分布于我国南部地区，在武夷山属留鸟，少见。

蓝喉蜂虎
（陈磊 绘）

蓝喉蜂虎属蜂虎科蜂虎属，颏喉蓝色，两翅绿色，被誉为『中国最美的小鸟』，主要分布在我国南部地区，在武夷山属夏候鸟，常见。

红嘴蓝鹊
（游牧 绘）

红嘴蓝鹊属鸦科蓝鹊属，以嘴、脚红色而闻名，体背蓝紫色，尾羽颀长，尾端白色，在武夷山属留鸟，易见。

斑头大翠鸟
（游牧 绘）

斑头大翠鸟属翠鸟科翠鸟属，身体渲染蓝绿色，背部中央有一条亮绿色纵线，主要分布于福建和江西，在武夷山属留鸟，罕见。

小天我
（游牧 绘

小天鹅属鸭科天鹅属，成鸟全身羽毛白色，雌雄同色，鸣声清脆如哨声，在武夷山属旅鸟，少见。

白 鹇

（陈磊 绘）

蛇雕属鹰科蛇雕属，头顶有黑色杂白圆形羽冠，多成对活动，分布于西南、东南、华南等地，在武夷山属留鸟，易见。

蛇 雕

（陈磊 绘）

鸳鸯属鸭科鸳鸯属，鸳指雄鸟，鸯指雌鸟，雌雄异色，雄鸟嘴红色，羽色鲜艳而华丽，雌鸟嘴黑色，羽色灰褐色，在武夷山属留冬候鸟，易见。

鸳 鸯

（陈磊 绘）

红尾水鸲

（游牧 绘）

红尾水鸲属鹟科水鸲属，雄鸟通体暗灰色，两翅黑褐色，尾羽红色；雌鸟上体灰褐色，在武夷山属留鸟，罕见。

海南鳽属鹭科鳽属，飞羽上有绿色的金属光泽，主要分布在我国华中、华东、华南和西南地区，在武夷山属夏候鸟，罕见。

海南鳽

（游牧 绘）

武夷山国家公园
★ ★ ★ ★ ★

第三章

智慧传承、生态高地：武夷山保护历程

要坚持生态保护第一，统筹保护和发展，有序推进生态移民，适度发展生态旅游，实现生态保护、绿色发展、民生改善相统一。

——2021年3月，习近平总书记在考察武夷山国家公园时的讲话

第一节　源于东方生态智慧的古代保护

位列中华十大名山之一的武夷山，在东南大地上闪耀着生态智慧的光芒。深入探索和挖掘这座名山的文化，可以发现其中蕴藏着"天人合一""虞衡制度"和"取用合宜"等朴素的生态保护思想。这些思想是植根于当地人对天人关系的长期认识和深刻理解，也是推动该地区自然保护的重要内源性动力。

一、民间自发性保护

在中国原始社会阶段，人类活动依赖于自然环境。正是源于对自然的敬畏，早期人类自觉形成了一种原始信仰，即自然崇拜以及由此产生的神话传说。可以说，自然崇拜和神话传说是中国古代民间反映人与自然关系的最初体现[1]。经过长期的融合，这种原始信仰持续地引导人类对自然采取恰当的行为。

纵观武夷山数千年的人类活动史，先民们与自然的紧密联系可以回溯至远古的自然崇拜时期。从中可以发现，民间对武夷山的自发性保护特点主要体现在两个方面：一是从敬畏对象转向审美对象，二是由神话传说转成保护佳话。

武夷山先民们在日常实践中深化了对自然的认知。"山水"组成了武夷山物质世界的基础。先民们对武夷山的最初印象，体现为对自然山水的崇拜。在原始社会时期，武夷山就有

1　孙涛：《中国古代生态自然观阐析》，《山西师大学报（社会科学版）》2013 年第 2 期。

◎ 武夷茶园（丁李青　摄）

着丰富的自然资源，飞禽走兽及山水本身成为民间的信仰对象。到闽越时期逐渐发展为以蛇作为图腾崇拜的对象。在《说文解字》中记载："闽，东南越，蛇种，从虫，门声。"闽越人将其供奉在住处，表明当时人与自然界已经形成了某种依赖关系。对图腾所代表的动植物的信仰和禁忌成为氏族成员历代传承的实践智慧，它是指导先民们妥善处理与自然关系的思维模式与实践导则。

魏晋以后，以诗词歌赋为载体的审美意趣逐渐褪去了武夷山的巫觋色彩，逐步揭开了其神秘的面纱。各类史籍记载了武夷山神奇秀丽、无与伦比的山水风物。作为天下名山大川之一，武夷山越来越频繁地出现在以摩崖石刻、山水游记、山水诗画等为载体的山水作品中。这些作品体现以审美为旨趣的生态内涵，是对和谐人地关系的赞颂和向往。审美文化推动了武夷山古代自然观光的热潮，也更密切了当地先民及外来人与这座名山的联系。

观念认知的改变，推动了先民们将神话传说诉诸武夷大地。天地万物的起源是武夷山神话传说的核心，其中包括劝诫饮鸩止渴的贪欲之心、表达自然馈赠的感恩之心等神话传说[1]，这为"取用合宜"可持续利用观念的形成奠定了基础。

"取用合宜"是武夷山先民对东方生态智慧的本地实践。中国古人早就认识到自然资源的有限性，产生了诸如"俭则民不怨矣""以时禁发""取之有度，用之有节"等思想。武夷山正是这些思想的生动载体，在当地民间流传的"放生积德""老树为神"等传说反映了民间对持续利用山林资源的重视。茶叶种植

---

1 朱平安：《武夷山生态文化论纲》，《合肥学院学报（社会科学版）》2009 年第 4 期。

是当地先民科学利用自然的鲜明佐证。朱熹对资源循环利用提出"圣贤出来抚临万物，各因其性而导之"的思想，强调对自然资源要在遵常理的基础上尽其用，这一思想在武夷山的茶叶种植中得到充分体现。先民们依照自然规律，在合适的时间种植、采摘茶叶，确保茶叶的质量，同时保护山林的生态平衡[1]。

二、官方有组织保护

源自官方的保护实践最早亦可追溯至武夷山的自然崇拜时期。汉元朔元年（前128年），汉武帝派遣特使祭祀武夷君，并将武夷山划入会稽郡（今属浙江省）管辖，正式拉开武夷山的官方保护序幕。唐天宝七载（748年），唐玄宗将武夷山纳入天下名山之列，并派遣登仕郎颜行之发布敕令立碑，颁布《禁樵令》，开启了系统化保护武夷山的序幕。

在武夷山的保护实践中，可以看到中国古代自然保护制度的缩影。这种保护意识并非孤立现象，而是中国历代统治者对建构人与自然关系重视的体现。早在4000多年前，中国就出现了世界上最早的官方自然保护与管理制度——"虞衡"。其中，"虞"负责制定保护山林川泽的政令，并划定禁伐区域；"衡"则作为执行机构，负责监督和落实禁令，确保对自然资源的有效管理。据《周礼》记载，山虞、泽虞、林衡、川衡等分支机构各司其职，形成了古代中国官方早期系统化的自然资源管理体系。

1　廖凌云、侯姝彧、杨锐：《生态智慧视野下武夷山茶园建设管理的古今对比研究》，《中国园林》2018年第7期。

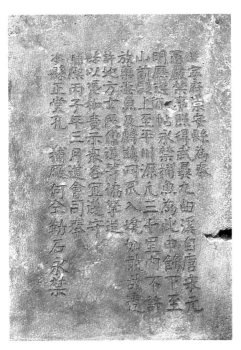

◎ 禁渔碑（郑友裕　摄）

◎ 禁伐碑（林宇　供图）

"虞"制度在武夷山主要表现在保护政策的制定与禁区的划定方面。据《福建通志》记载，南唐元宗之弟李良佐到武夷山封祭武夷君，并依诏令建造会仙观和天宝殿（武夷宫前身）。他在崇安任职的37年间，立碑禁止采樵捕鱼，将武夷宫到九曲溪上游的曹墩村划为禁区。这些举措反映了统治者对武夷山的自然崇拜和礼制管理，也通过下禁令和划定禁区的方式实施了"虞"的职责。此后，朝廷长期派遣官员至武夷山冲佑观任主管、提举，其中包括朱熹、陆游、辛弃疾等均为保护和管理武夷山做出了重要贡献。

同时，"衡"制度在武夷山主要体现在对政策的执行和监督方面。清康熙三十五年

（1696年），崇安县令孔兴琏为了保护九曲溪生态环境而勒石安民，告示内容为："建宁府崇安县为奉宪严禁事，照得武夷九曲溪，自唐宋元明历遵衔贴永禁捕鱼。"一旦有违反禁令的行为，则衙官会给予违法者相应惩罚，主要是勒石示众。乾隆三年（1738年），县令翟渊就白云岩林木被盗伐事严惩肇事者，除交纳罚金外还要将名字勒石示众，并颁布禁令，重申全山禁伐木，在一定程度上起到了以儆效尤的长期作用[1]。

总的来说，武夷山古代官方的自然保护实践全面体现了"虞衡"制度的核心机制。"虞""衡"两个官方机构相辅相成，确保了对武夷山生态资源的长期保护，并为后世的自然保护工作奠定了坚实的基础。

三、朴素的生态文明保护思想

依托自然造化之功，历经数千年的山水实践促进了武夷山当地朴素的生态文明保护思想的形成。中国古代未曾出现过"生态"这种字眼，但长期以来的社会实践，推动了东南大地早早地孕育出天人共处的生态智慧，这一智慧闪耀着东方在思考和探索"天"与"人"关系时产生的知识光芒[2]。

朴素的生态文明保护思想的形成是古代对武夷山保护方面思考与实践的结果。这一思想以"天人合一"为核心，深深地根植于民间和官方在武夷山自然保护的实践中。"天人合一"是中国人与自然关系的经典概括，源起《周易》，经庄子、孟子、董仲舒、张载等历代哲人的发展，形成系统

1　黄培兴：《武夷山历代摩崖题刻中的生态保护意识》，《旅游纵览（下半月）》2016 年第 6 期。
2　孙涛：《中国古代生态自然观阐析》，《山西师大学报（社会科学版）》2013 年第 2 期。

的自然观念。武夷山是八闽大地最早接受中原文化的地区之一。各种文化的扎根，共同推动了这片土地形成早期朴素的生态文明保护思想。

朱子理学是武夷文化的核心，对中国和世界有着深远影响。朱熹认为，天与人同构且为一体，"天人本只一理"，"理"蕴含着深层而普遍的世界秩序，万物一体同源。在这种整体观下，以朱子为代表的理学家又进一步强调"天地之间，万物之众，其理本一，而其分未尝不殊也"，认为万物都有存在的合理性，应该尊重各自的生存权利。同时，朱熹进一步诠释孟子的"仁民爱物"思想，主张人们关爱、顺应自然，同时取用有度，以寻求人与自然的和谐发展。朱子理学将武夷山传统社会的伦理道德转化为生态道德和人际道德的统一，体现了人与自然中和的生态智慧。

佛教在隋唐时期开始扎根于武夷山，成为当地传统文化的重要组成部分。佛教提倡人与自然共生，例如，传说扣冰古佛在其幼时曾将熟鱼放生，却奇迹般地救活了鱼。此外，佛教强调人与自然的互动关系，以及佛教对山林的禁伐戒律，都体现了佛教在生态伦理方面的责任感。

道教追求回归自然，讲究隐逸生活，不求名利，这种思想在武夷山处处都有体现，比如桃源洞的"返璞归真"和"仙源"石刻，道观门联上的"鸢飞鱼跃"石刻。这种恬淡、朴素的理念，成为武夷山先民不断思考与践行的价值观。

朴素的生态文明保护思想为后续武夷山的自然保护奠定了基石。该思想为武夷山先民提供了认识和解释世界的思维框架，提供了改造世界的实践准则。正是基于此，在数千年历史长河中，武夷山愈发生机勃勃。

第二节　开启现代自然保护的接续努力

一、邓小平同志亲自推动武夷山自然保护区设立

武夷山自然保护区的设立，是中国生态保护史上的重要转折点，这一过程得益于邓小平同志的亲自关心与推动。

1978年3月，福建农学院的赵修复教授等在福建省召开的科学大会上，呼吁建立武夷山自然保护区。《光明日报》驻福建记者站记者白京兆第一时间采访赵教授并将内参刊发在《情况反映》上。邓小平同志在看到内参后，敏锐地察觉到这一呼吁的重要性，立即作出批示"请福建省委采取有力措施"，确保保护工作的顺利开展。这一迅速的反应，展现了他对生态保护的高度重视、对国家生态安全的深远考量和对子孙后代福祉的高度责任感，也让武夷山的当代保护工作进入了快车道。

在邓小平同志的亲自推动下，福建省组织专家深入调查，为武夷山自然保护区的设立打下了坚实基础。这一举措不仅挽救了武夷山的生态环境，更为中国的生态文明建设树立了典范。

二、入选首批国家重点自然保护区

1979年，武夷山自然保护区正式成立并入选中国首批国家重点自然保护区，标志着武夷山保护工作进入新的历史阶段。

1979年3月，福建省科学技术委员会、福建省林业厅根据前期的调查报告，联合向福建省革命委员会提出设立武夷山自然保护区的建议。4月16日，福建省革命委员会办公会议决定建立福建省首个自然保护区，即武夷山自然保护区。这一决定为武夷山的生态保护奠定了制度基础，标志着福建省在自然保护领域迈出了关键一步。

武夷山自然保护区设立后，福建省革命委员会向国务院呈报请示。1979年7月3日，国务院印发的《关于武夷山自然保护区列为国家重点自然保护区的批复》文件中，正式批准将武夷山自然保护区列为中国第一批国家重点自然保护区，进一步提升了该区域的保护地位。

批复下达后，福建省革命委员会立即着手落实，4个月内，多次明确武夷山自然保护区的机构设置、隶属关系、保护措施等事项。挂墩、大竹岚周围的伐木场被陆续撤销，福建省武夷山自然保护区管理处等相关机构相继成立。管理处相当于行政公署下属一级机构，隶属于福建省林业厅。同年10月，福建省林业厅又组织有关部门对武夷山自然保护区的总面积、区界范围等进行调查，为未来的保护工作打下了坚实基础。

自此，武夷山保护工作正式拉开了波澜壮阔的发展序幕。通过一系列迅速而有力的措施，武夷山自然保护区不仅在管理上逐步完善，还为中国的生态保护事业做出了重要贡献。

三、率先探索社区共管、跨省联建的模式

武夷山自然保护区的建立不仅强化了对自然资源的保护，

◎ 冬日黄岗山（黄海　摄）

还积极推动了社区共管与跨省联建的合作模式，取得了显著的成效。

为了确保资源的可持续利用，武夷山自然保护区实施了严格的管理措施。自然保护区设立以来，武夷山通过多方努力，不仅在自然环境和资源保护上取得了显著成效，还在推动科学研究和妥善解决社区问题方面取得了显著进展。作为南方的典型自然保护区，武夷山的山林大部分归集体所有，国有林的比重仅占30%左右。在资源管理方面，自然保护区对外部单位实行入区许可证制度，对区内群众则推行采伐许可证制度。这些措施为资源保护奠定了基础，也为探索社区共管模式提供了重要条件。

随着保护工作的深入，协调自然保护区与社区的关系变得尤为关键。1994年5月，福建省林业厅批准成立了"福建武

◎ 福建武夷山国家级自然保护区联合保护委员会筹备会现场（兰思仁　供图）

夷山国家级自然保护区联合保护委员会"，该委员会汇集了保护区所在地的省、地、县三级林业行政主管部门、武夷山保护区管理局及毗邻的建阳、武夷山、光泽、邵武等县、市政府及周边的乡、镇、场和江西省武夷山保护区、江西武夷山垦殖场及区内3个行政村的代表。联合保护委员会通过协商与合作，共同解决区内外自然资源管理中的矛盾，促进自然保护区与社区的双赢发展。在此之前，自然保护区管理局主要采取"背靠背"的管理方式，即只对违法行为进行管控，导致与社区之间的联系薄弱，甚至引发矛盾。社区居民抱怨自然保护区只关注自然资源，而忽视了他们的生活需求。联合保护委员会的成立标志着保护区与社区之间沟通渠道的建立，从而更好地推动了生物多样性保护与社区发展。

此外，跨省联建的探索进一步加强了自然保护区的管理。1995年与2001年，江西与福建的武夷山自然保护区共同组织实施了由世界银行全球环境基金支持的"中国自然保护区管理项目"，这一合作不仅提升了自然保护区的管理水平，也推动了基础设施建设的进步。进入21世纪后，保护区立足实际，进一步强化基础设施与保护管理建设，推动社区经济健康、高速发展，取得广泛的认可与令人瞩目的成绩。武夷山国家公园与闽赣属地社区牵手社区共建共管"家门口"的国家公园，积极开展"自然文化进社区"主题活动，召开"夷起赣"议事协商会，联合社区党员、热心居民组建武夷山国家公园红色志愿者先锋队，设立武夷山国家公园品牌建设专项基金，进一步扩大武夷山国家公园的影响力和知名度。

第三节　世界人与生物圈计划的实践典范

一、世界人与生物圈计划的先行者

武夷山自然保护区自1979年成立以来，逐步发展成为中国乃至世界生物多样性保护的重要基地。通过不断完善管理机构和基础设施建设，以及深入的科学研究，武夷山不仅实现了对自然生态的有效保护，还为加入世界生物圈保护区网络奠定了坚实的基础，成为全球生物圈保护的重要一环。

1979年至1989年，武夷山保护区的管理机构逐步建立并完善，以适应保护区的发展需求。保护区管理处陆续组建适合自身发展情况的管理机构，持续加强基础设施建设，为后续的保护和科研工作提供了有力保障。1989年6月，福建省科学技术委员会拨发75万元科考专款，启动了为期10年的武夷山综合科学考察活动。通过一系列考察和研究，相关专家探明了保护区的生物资源本底，证明"世界生物之窗"的称号实至名归，并为武夷山在世界生物圈计划中占据一席之地奠定了坚实的科学基础。

1987年3月，联合国教科文组织人与生物圈计划正式将武夷山自然保护区列入世界生物圈保护区网络。这一决定不仅体现了武夷山在生物多样性保护中的重要地位，也使其成为中国生物多样性和生物资源保护的典型代表和国际合作的重要平台。

二、三次通过世界生物圈保护区十年评估

自加入世界生物圈保护区网络以来，武夷山世界生物圈保护区在各级部门的关心与支持下持续发展，不断提升其在全球保护体系中的地位。

武夷山分别于1997年、2009年和2023年通过世界生物圈保护区十年评估。这一系列的评估不仅体现了联合国教科文组织对武夷山保护工作的高度认可，也证明了保护区在全球生物圈保护中的重要性。早在1991年和1997年，联合国教科文组织人与生物圈中国国家委员会就在武夷山自然保护区召开现场会和评估会，称武夷山世界生物圈保护区是"生物圈保护区的典范"。

近年来，武夷山继续坚持可持续发展理念，在发挥保护、发展、支撑三大功能方面不断创新。保护区通过优化管理体制和推进特许经营，积极履行保护与发展的双重使命，持续推动区域内的生态平衡与社区繁荣。

◎ 武夷山世界生物圈保护区第三次十年评估现场（武夷山国家公园管理局　供图）

三、推动生物多样性保护

武夷山世界生物圈保护区从最初的资源保护起步，逐渐扩展到更广泛的生物多样性保护，实现了生态保护工作的不断深化与升级。

1981年，国务院发文强调物种资源保护，并首次将生态保护纳入环境保护范畴。在此背景下，武夷山自然保护区积极响

◎ 世界生物模式标本产地——挂墩（黄海　摄）

应国家号召，加入世界生物圈保护区网络，展现了其在资源保护和生态保护方面的卓越成效。通过资源本底调查，武夷山展现出极其丰富的生态价值。作为"世界生物之窗"，其生物多样性、生态系统完整性及自然景观符合世界遗产标准（X），即"生物多样性原址保护最重要的自然栖息地，包括从科学和保护角度看，具有突出普遍价值的濒危物种栖息地"。这一独特优势推动了武夷山从单纯的资源保护向生物多样性保护方向转变。

自加入世界生物圈保护区网络以来，武夷山在生物多样性保护方面取得了显著进展。1992年，武夷山自然保护区被世界野生生物基金会评定为具全球保护意义的世界A级保护区。1998年2月，在国家14个部门联合编撰出版的《中国生物多样性国情研究报告》中，武夷山被列为陆地生物多样性保护的11个关键地区之一。这些评价都证明了武夷山生物多样性保护工作卓有成效。

第四节　入选世界文化和自然遗产的中华瑰宝

一、八年申遗终获认可

历经1992年至1999年的八年艰辛申遗之路，武夷山终于获得世界的认可。这里奇特瑰丽的山川河流与博大厚重的历史文化，以最完美的姿态绘入世界遗产画卷中，成为中华瑰宝的突出代表。

1993年至1998年为武夷山申遗准备阶段。20世纪90年代初，世界遗产概念在国内尚未普及，武夷山市委、市政府已敏锐地意识到申遗的重要性及其对武夷山的战略意义。他们迅速行动，提高保护管理水平，并开始准备申报文件。然而，1993年5月的第一次申报结果却不尽如人意，但这次经历让工作小组更深切体会到世界遗产的价值与申报程序的严格，进一步坚定了继续申报的信心。1996年4月，在武夷山召开的全国风景名胜区保护管理工作研讨会标志着武夷山进入了申遗的预备阶段。随后的一年内，申报世界遗产工作委员会紧锣密鼓地进行相关材料的征集和编写工作。1998年6月，中国郑重地向联合国教科文组织世界遗产委员会发出书面申请，正式推荐武夷山申报世界文化与自然双重遗产。

1998年至1999年为武夷山申遗攻坚阶段。在这一阶段，武夷山亟待进行申报范围及外围缓冲地带的全面环境整治，并补充文化遗产部分的材料。面对巨大挑战，武夷山市委、市政府迎难而上，于1998年7月28日召开总动员大会，周密部署各项工作。世界遗产项目相关专家在1998年9月和1999年3月对武夷山进行考核评估，提出了改进建议。1999年7月，武夷山申遗终于进入了关键的初审阶段。尽管在评审过程中遇到了一些挑战，但是经过不断的沟通和材料补充，最终，1999年12月，在摩洛哥举行的联合国教科文组织世界遗产委员会第23届大会上，与会代表一致同意将武夷山列为世界文化和自然双重遗产。

武夷山申遗的成功不仅提高了自身的国际知名度，也使当地的保护工作进入新的发展阶段，当地群众、游客和工作人员的保护意识都得到了提升，武夷山这块中华瑰宝从此成为中国与世界共同的遗产。

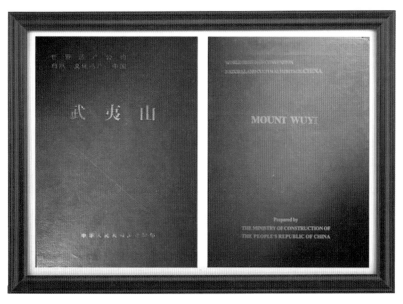

◎ 武夷山申遗文本中英文版（阮雪清　供图）

二、两省合作联建共赢

武夷山脉横跨福建和江西两省，福建片区的武夷山于1999年被列为世界双遗产地。然而，由于行政区划等原因，早年的武夷山世界遗产地以山脊线划定范围，位于福建省内的武夷山南部被划为世界遗产地，而位于江西铅山县境内的武夷山北部则被划为遗产地缓冲区，这使得原本完整的武夷山脉被人为"分离"了。

事实上，闽赣两省一直有着密切良好的保护合作基础。随着中国生态文明建设的推进，两省在保护区域内生态资源安全、双遗产保护利用等方面达成共识，有强烈的整合意愿[1]。为进一步落实这一任务，双方都做了许多工作。在《世界遗产评估报告（2014）》中提到，福建武夷山遗产地拥有清晰的价值和有效的管理，强烈建议并敦促调整遗产地边界，将遗产地范围拓展至江西铅山武夷山。

经双方的相互支持和不懈努力，终于在2017年世界遗产大会上这一建议获得批准。7月10日，第41届世界遗产大会审议批准武夷山遗产地边界微调，江西省铅山县境内的武夷山被列为世界文化和自然遗产地。同月16日，福建武夷山市和江西铅山县本着优势互补、互利共赢的原则，建立战略合作关系，正式签订《武夷山世界遗产保护与利用战略合作框架协议》，共同推动保护，实现价值同享与生态共赢。自此，两省翻开了联合保护、合作共赢新篇章。

1　兰思仁等：《中国的世界遗产——武夷山》，福建人民出版社2023年版，第17页。

三、世界双遗产绽放新光彩

福建片区武夷山成功申报世界双遗产后，并未止步于遗产保护的阶段性胜利。时任福建省省长习近平对武夷山的遗产保护记挂于心，在申报成功后多次到访武夷山，亲自擘画武夷山未来遗产保护事业的接续道路。在成为国家公园试点前，武夷山世界遗产地在遗产保护、改善民生及国际合作等方面都取得了极大进展。

（一）推动全方位保护

武夷山列入世界双遗产后，加快了遗产地法治建设的步伐，一系列国际公约、国家法律及地方性法定性规划为武夷山世界双遗产提供了全方位保护[1]。

国际层面，主要有《保护世界文化和自然遗产公约》（1972年）、《生物多样性公约》（1992年）等国际公约。国家层面，则有《中华人民共和国环境保护法》（2015年修订）、《风景名胜区条例》（2016年修订）、《中华人民共和国自然保护区条例》等法律法规，以及《世界文化遗产保护管理办法》（2006年）、《世界自然遗产、自然与文化双遗产申报和保护管理办法（试行）》（2015年）等规章文件，共同建构了武夷山的遗产保护法治框架。

同时，福建省也先后出台了多项法规条例，如《福建省自然保护区管理条例》《福建省武夷山世界文化和自然遗产

---

1 兰思仁等：《中国的世界遗产——武夷山》，福建人民出版社2023年版，第224页。

保护条例》（2002年）、《福建省武夷山国家级保护区管理办法》（2017年修订）及《福建省武夷山国家公园条例》（2024年）等。

根据相关部门要求，武夷山还出台一系列法定性规划以推动世界遗产的持续性保护，先后编制了《武夷山国家公园体制试点区试点实施方案》《武夷山国家公园总体规划及专项规划（2017—2025年）》。

（二）飞入寻常百姓家

"双世遗"品牌为武夷山周边社区发展提供了国际舞台。可以说，得益于武夷山居民数千年来的生态思维与行为框架，这处世界遗产仍能保持鲜艳的历史色彩。如今，武夷山成为"双世遗"，是对当地居民数千年努力的积极反馈。

自申遗成功以来，武夷山为保障当地群众的权益做出了不懈的努力。一方面，推动世界遗产地产业转型升级。武夷山国家公园管理部门规范社区茶产业发展，严格控制现有茶园面积、退出违规茶园，对保留的茶园进行生态改造与生态恢复；依托遗产资源，引导社区形成解决就业、保障收入的主导产业，还为社区居民开展可持续项目提供技术支持。另一方面，保障世界遗产地社区居民的参与权。管理部门大力促进社区居民参与遗产地的保护与发展工作，定期召开座谈及沟通会议，建立积极有效的参与机制。据不完全统计，已有1600位社区居民参与到武夷山的遗产保护与管理工作中。武夷山管理部门通过多项措施，有效解决了世界遗产地发展与保护的矛盾，实现了世界遗产地与社区的和谐共处。

（三）走向世界舞台

武夷山的申遗成功让外界全面认识了来自东方这片土地的风采。申遗成功后，武夷山旅游业实现了巨大跨越。1999年是武夷山自1979年发展旅游业以来人次增长量最高的一年，知名度显著提升。随后的十多年间，武夷山不断取得新突破，旅游业逐渐成为当地的主导和支柱产业。

武夷山通过九曲溪等自然景观，以及武夷宫、宋街等文化设施，全面展示世界文化和自然遗产的价值。依托丰富的文化和自然资源，武夷山还设计了民俗体验、茶文化体验等活动，促进旅游产业的发展，实现产业转型升级。

"双世遗"让武夷山的国际学术交流活动更加频繁。2012年10月，韩国国学振兴院和首尔大学的专家访问了武夷山，详细了解武夷精舍的历史及朱熹理学思想。2016年2月，

◎ 联合国教科文组织驻华代表考察武夷山世界遗产保护（黄海　摄）

武夷山与美国火山口湖国家公园建立友好关系，分享遗产地保护等方面的经验。2024年7月17日，武夷山国家公园与加蓬洛佩国家公园结对合作正式揭牌，我国林草部门以此次结对揭牌为契机，与加方共同努力，开展业务交流、推动联合研究，继续深化两国国家公园建设管理合作。武夷山还加强与联合国教科文组织、世界人与生物圈委员会等国际组织的联系，扩大了国际生态地位和影响力。

第四章

试点样本、先行示范：
武夷山国家公园建设实践

建立国家公园体制，要在总结试点经验基础上，坚持生态保护第一、国家代表性、全民公益性的国家公园理念，坚持山水林田湖草是一个生命共同体，对相关自然保护地进行功能重组，理顺管理体制，创新运营机制，健全法律保障，强化监督管理，构建以国家公园为代表的自然保护地体系。

——2017年7月，习近平总书记在中央全面深化改革领导小组第三十七次会议上的讲话武夷山国家公园作为第一批国家公园之一，具有土地权属复杂、当地居民生计对资源的依赖大、产业结构单一、管理主体多元等特征，在国家公园体制试点中具有一定的典型性与代表性。

第一节　体制机制的突破创新

2015年1月，国家发展和改革委员会、中央机构编制委员会等13个部委联合印发《建立国家公园体制试点方案》，正式开启国家公园试点工作。武夷山地处全球生物多样性热点地区，保有世界同纬度带最完整的中亚热带原生性森林生态系统，极具代表性和保护价值，成为全国首批国家公园体制试点区之一[1]。同年，武夷山国家公园体制试点筹备组和对接办成立，并组织开展《武夷山国家公园体制试点区试点实施方案》编制工作。2016年6月17日，国家发展改革委批复《武夷山国家公园体制试点区试点实施方案》，标志着武夷山国家公园体制试点正式启动实施。

1　庄优波、杨锐、赵智聪:《国家体制试点实施方案初步分析》,《中国园林》2017 年第 8 期。

2016年6月17日，国家发展改革委批复《武夷山国家公园体制试点区试点实施方案》，标志着武夷山国家公园体制试点工作正式启动。

1.边界划定

武夷山国家公园体制试点区试点实施边界的划定经过了多方案比选，方案一包括武夷山国家级自然保护区、武夷山国家级风景名胜区、城村汉城遗址和九曲溪上游保护地带，总面积约为98739公顷。方案二在方案一的基础上增加了武夷山大安源景区、福建龙湖山国家森林公园和福建武夷天池国家森林公园，总面积约为106761公顷。方案三在方案二的基础上增加了江西武夷山自然保护区，总面

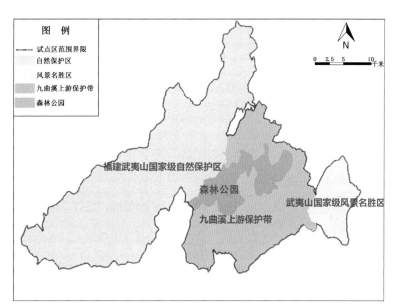

◎ 武夷山国家公园体制试点区范围定稿示意图（来源：作者自绘）

积约为120094公顷。综合考虑国家代表性、生态重要性和管理可行性确定试点区范围的优先方案。武夷山国家公园体制试点区位于福建省北部，周边分别与福建省武夷山市西北部、建阳市和邵武市北部、光泽县东南部、江西省铅山县南部毗邻，包括武夷山国家级自然保护区、武夷山国家级风景名胜区和九曲溪上游保护地带，总面积为982.59平方千米。

2.方案框架

《武夷山国家公园体制试点区试点实施方案》主要包括五个方面：试点区选择、管理体制建构、运行机制构建、实施保障和年度实施计划。试点区选择分析了福建省保护地的现状和问题，确定武夷山作为具有代表性的试点区的缘由。管理体制方面，明确了管理单位体制、资源管理体制、资金机制和规划规范。运行机制方面，设计了日常管理机制、社区发展机制、特许经营机制等。实施保障方面，包括部门合作监督、资金保障和管理以及人才保障措施。年度实施计划概述了2015年至2017年的具体实施任务与计划。

武夷山国家公园体制试点区是典型南方集体林区，集体土地占比大，集体林权占比高，其在体制机制方面的突破创新体现在管理体制、资源分区保护和运行机制优化三个方面。武夷山国家公园体制试点区通过统一管理机构、创新多级协同管理机制、探索跨省共建共管模式等体制机制改革强化管理。此

◎《福建武夷山国家公园体制试点区试点实施方案》专家论证会（兰思仁 供图）

外，优化功能分区，实施差异化分区管控，筑牢武夷山生态安全屏障。在资金保障、日常管理、社区参与、游憩管理等方面优化机制，健全规范公园治理体系，为构建中国国家公园体系提供了可复制、可借鉴的管理模式与经验。

表4-1 武夷山国家公园体制试点区试点建设重要事件

时间	主要事件
2015年10月	福建省发展和改革委员会牵头组织福建农林大学等单位编写《武夷山国家公园体制试点区试点实施方案》
2015年12月	《武夷山国家公园体制试点区试点实施方案》通过专家评审
2016年6月	国家发展和改革委员会批复《武夷山国家公园体制试点区试点实施方案》
2016年7月	福建省人民政府召开专题会议，研究协调推进武夷山国家公园体制试点工作
2016年9月	成立由福建省常务副省长、分管副省长任召集人的武夷山国家公园体制试点工作联席会议
2017年1月	福建省财政厅印发《武夷山国家公园体制试点区财政体制方案》，将武夷山国家公园管理局作为省本级一级预算单位管理
2017年3月	中共福建省委机构编制委员会印发《关于武夷山国家公园管理局主要职责和机构编制等有关问题的通知》，组建武夷山国家公园管理局

时间	主要事件
2017 年 4 月	福建省人民政府召开第二次联席会议，研究通过国家公园资源保护、科研监测、旅游管理、社区参与、就业引导培训、产业引导、社会捐赠、志愿服务、合作管理、社会监督、社会资金筹措等 11 项机制
2017 年 6 月	武夷山国家公园管理局领导班子到任，管理局正式组建
2017 年 11 月	福建省人大常委会第 32 次会议表决通过《武夷山国家公园条例（试行）》，并于 2018 年 3 月 1 日起施行
2019 年 12 月	福建省人民政府批准武夷山国家公园总体规划及保护、科研监测、科普教育、生态游憩、社区发展五个专项规划
2020 年 3 月	福建省政府研究批复《武夷山国家公园资源环境管理相对集中行政处罚权工作方案》，在试点区实行相对集中的行政处罚和联动执法
2020 年 6 月	福建省人民政府办公厅印发《武夷山国家公园特许经营管理暂行办法》
2020 年 7 月	中共福建省委机构编制委员会办公室、福建省林业局印发《武夷山国家公园管理局权责清单》
2020 年 8 月	福建省人民政府办公厅印发《关于建立武夷山国家公园生态补偿机制的实施办法（试行）》

一、管理体制试点：体制革新，管理升级

在体制试点阶段坚持整合优化、管理机构改革和体制创新，通过设置统一管理机构、创新多级协同管理机制和探索跨省联合共建共管模式等全面推进武夷山国家公园体制试点工作。

（一）设置统一管理机构

在开展国家公园体制试点前，武夷山已拥有国家级自然保护区、国家级风景名胜区、国家森林公园等5个头衔，分属不同的管理部门，未建立统一有效的保护体系，导致"九龙治水"的局面。在体制试点阶段，福建省政府坚持整合优化、统一规范，通过整合福建武夷山国家级自然保护区管理局、武夷

山风景名胜区管委会等有关自然资源管理、生态保护、规划建设管控等方面职责，组建由福建省政府垂直管理的武夷山国家公园管理局。2017年3月，武夷山国家公园管理局挂牌成立，管理局由福建省政府管理、福建省林业局代管，行使主体管理职能，实现了"一个保护地一个牌子一个管理机构"。2019年9月，武夷山国家公园管理局创新设立"管理局—管理站"两级管理体系。在试点区涉及的6个主要乡镇（街道）分别设立国家公园管理站（正科级），管理站站长由有关乡镇长兼任，作为武夷山国家公园管理局派出机构，履行辖区内国家公园相关资源保护与管理职责。

（二）创新多级协同管理机制

福建省通过明确武夷山国家公园管理局、福建省直有关部门和所在地各级政府权责，探索建立了主体明确、责任清晰、相互配合的协同管理机制。建立"省—市县—乡村"三级工作协调机制，高位推动武夷山国家公园自然资源保护建设管理各项工作。在福建省级层面建立省级统筹联席会议机制，建立由福建省常务副省长任总召集人、分管副省长任副总召集人，14个省直单位及南平、武夷山市政府组成的体制试点工作联席会议，下设办公室，挂靠福建省林业局。联席会议各部门按照"统一领导、分工负责、密切协作、精干高效"的原则，通过联席会议、专题会议、现场调研办公等方式，统筹解决试点工作中的重大问题和体制机制障碍。在市县层面，协同推进落实机制。建立南平市政府与福建省林业局主要负责人季度协调会议制度，以及由南平市、4个县（市、区）分管负责同志与国家公园管理局主要负责人组成的每月抓落实会议制度，研究落实福建省级联席会议议定事项，协调解决试点推进过程中出现的困难和问题，跟踪督促试点任务落实。国家公园体制试点实施以来，累计召开协调、落实会25次，研究落实事项77项。在乡镇与乡村层面，完善乡村联动共商共建机制。国家公园管理局与所在乡村就联合管护、资源管理、建设管控、社区发展等工作进行广泛深入协商。国家公园执法大队与所在乡（镇）、村建立联动工作机制，联合开展巡防巡护、环境整治、专项行动，共同推进试点区自然资源、人文资源和生态环境的保护管理。

（三）探索跨省共建共管模式

江西武夷山国家级自然保护区与武夷山国家公园体制试点区同属武夷山脉，生态区位重要，生物多样性价值高，是武夷山生态系统完整不可分割的一部分。在国家公园体制试点建设阶段，武夷山国家公园管理局与江西武夷山国家级自然保护区管理局共同商讨制定《武夷山生态系统完整性保护落实方案》，为加强联防联保和探索跨行政区管理奠定了良好基础。同时，福建、江西两省林业主管部门达成共识，对武夷山跨省共建共管区域，不作行政区划调整并以组建管理实体——武夷山国家公园和江西武夷山国家级自然保护区"闽赣两省联合保护委员会"的方式行使主体管理职能。同时，提出"一个目标、三个共同、五个联合"的协作管理新模式，"一个目标"指以探索跨行政区管理的有效途径为目标；"三个共同"指加强共建、共管、共享；"五个联合"指联合保护、联合宣传、联合执法、联合科研、联合创建。

二、资源保护试点：分区守护，生态先行

武夷山国家公园体制试点区依据保护对象的敏感度、濒危度、分布特征和遗产展示的必要性，生态保护及开发现状，结合居民生产、生活与社会发展的需要进行分区。分区包括特别保护区、严格控制区、生态修复区和传统利用区。武夷山国家公园体制试点区通过分区实施差别化管控，筑牢生态安全屏障。

（一）特别保护区

特别保护区致力于维护生态系统的自然状态、生物过程，是珍稀和濒危动植物的聚集地，包括自然保护区的核心区与缓冲区，以及风景名胜的特级保护区，总面积424.07平方千米，占试点区域总面积的43.16%。特别保护区是保护等级最高的区域，要求保护区域的生态系统保持原始状态。自然保护区的核心区禁止任何人进入，但经批准的科研人员例外。

（二）严格控制区

严格控制区旨在保护具有标志性和重要价值的自然生态系统、物种和历史遗迹。它涵盖了自然保护区的实验区和风景名胜区的一级保护区，总面积为160.39平方千米，占试点区域总面积的16.32%。在严格控制区内，可设置必要的步行游览路径和相关设施，允许进行科学研究、教育实习、低影响的生态旅游，以及培育和繁殖珍稀濒危野生动植物等活动。严禁进行与自然保护区保护目标不符的旅游活动。

（三）生态修复区

生态修复区既是生态修复的重点区域，也是向公众展示自然生态教育和遗产价值的场所。它包括风景名胜区的二级和三级保护区，以及九曲溪上游的保护带（不包括村庄区域），总面积为365.44平方千米，占试点区域总面积的37.19%。生态修复区的目标是恢复生态，通过征收和置换等措施，逐步将商业林地转变为生态公益林，并培育以阔叶树种为主的森林，以增强试点区域的整体生态功能。在旅游开发和利用方面实施严格限制，允许游客参观，但仅允许设置少量的管理及服务设施，严禁建设与生态文明教育和遗产价值展示无关的设施。

（四）传统利用区

传统利用区是原住民居住和从事生产活动的地方，包括九曲溪上游保护带内的8个村庄，总面积32.69平方千米，占试点区域总面积的3.33%。在传统利用区内，允许原住民进行适度的生产活动，并建设必需的生产与生活设施，例如公路、停车场和环卫设施等，这些活动和建设必须与当地的生态保育相兼容。

表4-2 武夷山国家公园体制试点功能划分

功能区	面积（平方千米）	比例（%）	范围
特别保护区	424.07	43.16	包括自然保护区的核心区和缓冲区、风景名胜区的特级保护区
严格控制区	160.39	16.32	包括自然保护区的试验区、风景名胜区的一级保护区
生态修复区	365.44	37.19	包括风景名胜区的二级保护区、三级保护区以及九曲溪上游保护带（扣除村庄区域）
传统利用区	32.69	3.33	包括九曲溪上游保护带涉及村庄区域
总计	982.59	100	——

三、运行机制试点：机制优化，运行高效

（一）资金保障机制

武夷山国家公园体制试点区建立以财政投入为主、社会投入为辅的资金保障机制。2017年1月，福建省财政厅出台《武夷山国家公园体制试点区财政体制方案》，将国家公园管理局作为省一级预算单位，纳入省本级预算管理，实行收支两条线，实现财政体制与管理体制相匹配、财权与事权相匹配、地方政府财政收支和考核指标相匹配，既有利于促进武夷山国家公园健康发展，又不减少地方政府现有收益，调动了各方积极性。武夷山国家公园体制试点区建设期间（2016—2020年），累计投入建设资金7.52亿元，其中：中央财政资金2.73亿元、省级财政资金2.27亿元、地方财政资金2.52亿元。同时，出台《社会资金筹措办法》，积极引导公益组织、企业和个人参与国家公园建设。2019—2020年共计1.56亿元保额的团体人身意外伤害险人保财险，捐赠给237名武夷山国家公园生态管护人员，具体包含意外伤害保额30万元/人，意外医疗2万元/人，意外伤害住院务工津贴每人每天50元。

（二）依法保护机制

武夷山国家公园体制试点区建立依法保护机制。2017年11月，福建省人民政府出台《武夷山国家公园条例（试行）》，有效衔接自然保护区管理办法、风景名胜区条例、双世遗保护条例，以此作为试点区保护、建设和管理等的法律基础。武夷

山国家公园管理局梳理管理体制与机制的问题与矛盾，组织编制《武夷山国家公园总体规划（2017—2025年）》，明确试点区的建设目标。并出台了武夷山国家公园保护专项规划、科研监测专项规划、社区发展专项规划五个专项规划，以保障试点区内资源科学合理地保护和利用。《武夷山国家公园总体规划（2017—2025年）》按照"严格保护、世代传承，统一规范、运行高效，全民共享、绿色发展"原则，遵循山水林田湖草系统治理的思路。同时，对标《建立国家公园体制总体方案》等要求，以问题为导向，梳理管理体制机制的问题与矛盾，并立足试点区自然和人文资源现状，充分衔接现有保护地规划和国土空间规划，统筹考虑自然生态系统的完整性和周边经济社会发展的需要，科学合理地确定国家公园的发展思路、方向和目标，优化国家公园范围，以增强国家公园自然生态系统的代表性、联通性和完整性。

（三）社区发展机制

武夷山国家公园体制试点区涉及武夷山国家级自然保护区、武夷山国家级风景名胜区和九曲溪上游保护地带所在地相

◎ 1994-13T《武夷山》（兰思仁　供图）

关社区。其中武夷山国家级自然保护区内有武夷山市星村镇桐木村、建阳区黄坑镇坳头村、大坡村和桂林村的六墩自然村，共有32个居民点、589户、2453人；武夷山国家级风景名胜区涉及3个镇、8个村、2个农场、3027户、12050人；武夷山九曲溪上游保护地带涉及星村镇8个行政村、8466人。武夷山国家公园体制试点区通过优化社区规划建设、建立社区参与机制等促进社区可持续发展。

优化社区规划建设。一是优化乡村建设规划。委托专业机构编制桐木村、坳头村、黄村村等村庄建设规划，规范建筑风格、环境景观和旅游配套设施等，继承和发扬原有民居风貌，保存传统建筑，确保与周围自然环境相协调。二是强化建设管控。落实建设审核、审批和监管责任，全力开展违建清查专项整治和"两违"（违法用地、违法建设建筑）打击工作，依法拆除"两违"建筑11处2705平方米。三是开展乡村环境整治。共投资4450万元实施环境综合整治，每年下达垃圾处理补助资金125万元，解决居民聚集地生活污水和垃圾污染问题，建立卫生保洁长效机制，实现村容村貌整洁、生态环境优美。开展星桐公路改造，打造生态路、景观路，提升园内群众出行幸福指数。四是开展生态移民搬迁。出台国家公园生态移民安置办法，安排351万元实施大洲村牛水桥村民小组11户共49人生态移民搬迁；对南源岭村70户村民分步实施搬迁，引导搬迁户依托风景区和度假区发展民宿和餐饮业。仅2019年，南源岭村接待游客24万人，创造经济收入超过3200万元，户均年收入达13万元，村财收入115万元，真正实现"搬得出、留得住、发展好"。

建立社区参与机制。一是参与决策。通过函询、座谈会、听证会等形式，引导社区、居民、企业等利益相关方参与重要政策制定，确保决策科学、民主。二是参与经营。建立就业引导与培训机制，引导村民参与特许经营、资源保护、旅游服务。公开择优招聘生态管护员、哨卡工作人员137人，公开择优招聘竹筏工、环卫工、观光车驾驶员、绿地管护员等共1300余名。继续支持民营企业参与经营龙川瀑布等旅游景点。制定

◎ 武夷山国家公园开展生态保护宣传活动（黄海　摄）

《武夷山国家公园管理局奖励性政策支持工作办法》，对配合国家公园保护的单位和个人予以奖励。三是参与监督。在国家公园网站设置局长信箱，并公布投诉、举报电话，聘请人大代表、政协委员、基层村干部、群众代表等一批社会监督员，接受社会公众和新闻媒体监督，促进国家公园规范发展。试点以来，共收到举报线索等38条，100%得到处理。四是参与服务。建立志愿服务机制，定期向社会公开招募志愿者，开展生态保护、综合服务、动植物普查、生态监测、宣传教育等志愿服务活动。试点实施以来，组织开展野外科考、生物多样性保护、环保公益、马拉松、骑游、越野等志愿者服务26批5000多人次。

（四）游憩管理机制

武夷山国家公园体制试点区根据生态环境标准、游览心理标准、游览特点等确定合理的环境容量，并建成智慧化管理平台。实施景区电子票务、车辆智能调度、客流承载监测、游客行为监控，控制景区游客最大承载量在3.2万人次以内，实现园区游赏生态化、舒适化。运用智慧旅游手段，通过排队预约售票、网上预约售票、团队预约售票等方式，构建园区门票预约系统。在旅游旺季实行参观预约制，对景区游客进行最大承载量控制。同时，通过教育引导游客行为，增强游客的文明旅游意识。对游客进行文明旅游、人身安全和试点区保护的安全教育。建立安全监测和巡查机制，实行全天候的安全监督，完善应急救护体系。对试点区内的旅游活动实行分类管理，制定游客游览指南，避免与试点区内的传统民俗活动冲突，并实行容量控制。建立健全相关惩罚机制，对违反试点区保护和管理的行为作出相应处罚。

第二节　试点运行的成功经验

2021年10月12日，在《生物多样性公约》第十五次缔约方大会领导人峰会上，习近平主席宣布中国正式设立三江源国家公园、大熊猫国家公园、东北虎豹国家公园、海南热带雨林国家公园、武夷山国家公园等首批国家公园。

武夷山国家公园从体制试点的探索阶段到正式设立，不仅标志着从地方性保护向国家层面保护的转变，也体现了中国在生态文明建设和生物多样性保护方面迈出的重要步伐。武夷山国家公园在资源管护、法治、科研和社区发展方面进行了创新实践：实施地役权改革，统一管护毛竹林，建立"1+4"生态执法体系提升保护成效，构建"1+N"科研监测体系，探索社区协作模式，推动茶产业和文化遗产保护，实现生态与经济的协调发展。

专栏4-2　武夷山国家公园总体规划概述

2023年8月15日，国家林业和草原局、国家公园管理局正式批复了《武夷山国家公园总体规划（2023—2030年）》，该规划由福建省和江西省人民政府主导、国家林业和草原局西南调查规划院编制。《武夷山国家公园总体规划》总共经历了三轮修改，2017年，《武夷

◎ 国家林业和草原局组织专家开展国家公园体制试点评估（武夷山国家公园管理局　供图）

◎ 2021 年 10 月 21 日，国务院新闻办举行首批国家公园建设发展情况新闻发布会（武夷山国家公园管理局　供图）

山国家公园总体规划》根据试点方案，同步编写了《武夷山国家公园保护专项规划》《科研监测专项规划》《科普教育专项规划》《生态游憩专项规划》《社区发展专项规划》等五项专项规划。2020年，《武夷山国家公园总体规划》开展第二轮修改，对武夷山国家公园体制试点区进行了范围优化。2021年，《武夷山国家公园总体规划》顺利完成第三轮修改，纳入江西片区，实行跨省合作。

　　《武夷山国家公园总体规划（2023—2030年）》涵盖多方面内容，包括保护管理、监测监管、社区共建、科技支撑和教育体验。保护管理体系将森林生态系统、旗舰物种栖息地、自然与文化遗产纳入保护范畴，实施核心保护区和一般控制区的分区管理，对生态敏感区域如毛竹林和茶园进行严格管控，并推进生态系统的恢复。监测监管方面，规划构建"天空地一体化"监测系统，全面监测生态和自然资源的变化，利用智能平台支持管理决策。此外，规划通过集聚社区与绿色产业发展，结合公共服务提升措施，实现生态保护与地方经济的深度融合。科技支撑方面，以武夷山国家公园研究院为依托，推动科研平台建设和长期定位研究，为公园保护管理提供坚实的科技保障。教育体验通过设立教育基地和自然教育空间，构建解说型和管理型标识系统，增进公众对生态保护和文化遗产的认知和参与。

《武夷山国家公园总体规划》的特色主要在于跨省协同管理、生态与文化遗产的融合保护，以及智慧管理的创新。福建和江西两省共同推进公园管理，通过建立协调机制，提升生态保护和管理效率；高度重视生态系统和文化遗产的整体保护，确保武夷山"碧水丹山"景观与朱子理学等人文历史资源代代传承；智慧管理方面，构建集成AI、大数据等科技手段的智慧化监测平台，实现"网格化+智慧化"管理模式，提升管理水平和保护效能。《武夷山国家公园总体规划》通过生态保护与绿色发展的结合，力图将武夷山国家公园建设为人与自然和谐共生的典范。

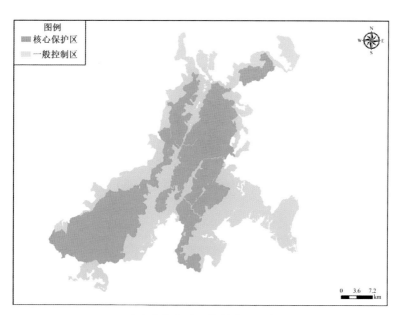

◎ 武夷山国家公园管控分区示意图

一、资源管护：探索毛竹林的地役权改革

（一）建立林地役权管理机制

实施毛竹林地役权管理制度是武夷山国家公园在自然资源管理上的创新之举。这一制度的核心是对毛竹林的经营主体进行合理的补偿，对人为活动干扰毛竹林的行为进行全面禁止，对国家公园内的集体毛竹林进行统一管理[1]。该措施有效地保护了森林生态系统的原真性和完整性，保障了林农的权益，体现了生态文明建设中人与自然和谐共生的理念。

建阳区黄坑镇坳头村作为国家公园核心区内的先行者，其实践成为这一制度实施的典型案例。"砍竹挖笋是村民的重要收入来源，在推行毛竹地役权之初，存在着诸多阻碍，坳头村通过充分发挥党支部力量，最终做通了村民的思想工作。"坳头村党支部书记、村委会主任张云表示，通过生态补偿，村民可共享国家公园建设带来的生态红利，有助于增强村民的保护意识。国家公园内的毛竹林地实施地役权管理模式，通过政府赎买林地的管理权和经营权，林权仍归属村民。这种做法不仅补偿了村民应得的收入，也保障了国家公园与村民双方的共有利益。

（二）创新商品林赎买机制

本着"生态得保护、林农得实惠"的原则，在林农自愿的前提下，对武夷山国家公园重点林区的商品林实行有偿收购，

---

1 黄石德、林捷、周艳等：《地役权管理对毛竹林群落结构和林下植物多样性的影响》，《福建林业》2023年第4期。

◎ 武夷山国家公园皮坑哨卡（黄海　摄）

并按国家生态公益林的标准进行保护[1]。通过这种方式，逐步将武夷山国家公园生态修复区范围内集体和个人所有的人工商品林调整为国有林，增加国家公园国有林比例。武夷山国家公园持续健全生态利益补偿机制，探索对重要区域商品林进行"赎买"的机制。在林农自愿的前提下，对重点区位商品林，通过赎买、租赁、生态补助等方式进行收储，并参照生态公益林管理，累计收储1.39万亩。武夷山市可从景区门票收益中抽取资金，并参照生态公益林补偿办法，按年给予林农一定补偿金，每年每亩递增2元，持续三年。对主景区内7.76万亩集体山林所有者实行补偿，补偿费随景点门票收入增长比例递增，平均每年支付318万元，实现生态保护成效与旅游收益增长同步。这些措施旨在加强对生态公益林和天然商品林的保护，促进可持续发展。

1　蔡华杰：《国家公园全民公益性：基于公有制的实现理路解析》，《福建师范大学学报（哲学社会科学版）》2022年第1期。

（三）完善资源有偿使用机制

对7万余亩的集体林地实行了"两权分离"的管理模式，即林地的所有权由村集体所有，而经营管理权则归国家公园管理机构。收费标准是在景区门票收益的基础上，根据景区门票收益的增幅，逐年递增[1]。其中资源有偿使用机制在集体土地比重大、土地具有多重效益的地区进行定点推广。

二、依法治园：建立"1+4"生态执法体系

武夷山国家公园管理局坚持依法治园，构建"一规范四联动"生态执法体系。"一规范"即严格落实相对集中行政处罚

◎ 武夷山国家公园执法人员雪后巡山（黄海　摄）

1　蔡华杰：《国家公园全民公益性：基于公有制的实现理路解析》，《福建师范大学学报（哲学社会科学版）》2022年第1期。

和联动执法，推行行政执法公示、执法全过程记录和重大执法决定法制审核"三项制度"，进一步规范生态执法行为。"四联动"即加强与公检法司联动，建立"武夷山国家公园110"生态保护联动机制、检察监督协作机制、巡回审判联开机制、综治中心联盟议事协调机制，推进资源环境公益诉讼及刑事案件快立、快侦、快诉、快审，形成了"零容忍、全覆盖"的高压严打态势。通过构建"1+4"生态执法体系，打造国家公园"武夷经验"，及时协调解决疑难问题、矛盾纠纷，法治教育受众面明显扩大。

（一）落实相对集中行政处罚

目前，武夷山国家公园内破坏自然资源的行为主要存在于世界文化和自然遗产、森林资源、野生动植物保护等领域，而集中上述领域的行政处罚权，有利于遏制、打击违法行为。

武夷山国家公园全面推行行政执法公示制度，按照"谁执法谁公示"的原则，明确公示内容的采集、传递、审核、发布职责，规范信息公示内容的标准、格式，及时通过政府网站及政务新媒体、办事大厅公示栏、服务窗口等平台向社会公开行政执法基本信息、结果信息。全面推行执法全过程记录制度，通过文字、音像等记录形式，对行政执法的启动、调查取证、审核决定、送达执行等全部过程进行记录，并全面系统归档保存，做到执法全过程留痕和可回溯管理。对查封扣押财产、强制拆除等直接涉及人身自由、生命健康、重大财产权益的现场执法活动和执法办案场所，进行全程音像记录。全面推行重大执法决定法制审核制度，行政执法机关作出重大执法决定前，要严格进行法制审核，未经法制审核或者审核未通过的，不得作出决定。

（二）建立健全联动执法机制

在联动执法机制上，武夷山国家公园管理局建立"武夷山国家公园110"生态保护联动机制、检察监督协作机制、巡回审判联开机制、综治中心联盟议事协调机制。在人员配置上，组建了国家公园森林公安分局和执法支队两支执法队伍，与公检法司联动，联合开展生态环境及文化遗产联合巡护、生态法律知识联合宣传等志愿活动，扩大法治教育受众面，为绿色发展打牢良好群众基础。同时为协同省级公检法司办案机制，地方司法部门设立了南平市驻国家公园检察官办公室、南平市中级人民法院武夷山国家公园巡回审判法庭[1]，推动资源、环境

◎ 森林卫士（姜克红　摄）

1　谢利民：《武夷山国家公园体制改革的思考》，《福建林业》2023年第1期。

公益诉讼和刑事案件的快速立案、快速侦查、快速审理和快速判决,使各种破坏生态环境的行为得到有效遏制。

三、数字赋能:健全"1+N"科研监测体系

在武夷山国家公园的管理和保护中,掌握资源本底是实现精准保护和高效管理的前提。武夷山国家公园管理局依托卫星遥感、航空摄影和视频监控等现代科技手段,建立了"1+N"科研监测体系,其中"1"代表智慧武夷山国家公园管理平台,它是整个监测体系的核心;而"N"则指与这个核心平台相结合资源监测、巡护执法、防火预警和游憩管理等10个子系统。这套体系不仅提高了资源保护管理的效率,还能实时预警生态环境的潜在问题,并支持应急反应与处理,使武夷山国家公园丰富的自然资源得到有效管理和维护。

◎ 武夷山国家公园工作人员布设红外相机(黄海 摄)

武夷山国家公园管理局采用了"五定"（定项目、定目标、定举措、定进度、定责任）管理机制和三级网格监管体系，结合实地巡护和科技监控，提升了监管的实效性和响应速度。截至2023年，武夷山国家公园拥有1座科学试验楼、1座森林生态定位站、38个水文气象和土壤监测站点、4个碳通量塔，设置红外摄像机观测站点743个，设置动植物监测样点1021个，监测样点3120个，样点145个[1]，为野生动物栖息地管理、污染源控制提供坚实支撑。

自实行国家公园体制试点以来，已经发现和发布29个新物种[2]。2023年7月物种资源调查结果显示，武夷山国家公园共有1850种植物、561种脊椎动物、4506种昆虫、444种大型真菌、128种地衣，其中有32种是国家级保护植物、72种是国家级保护动物。

（二）数字技术提升监管巡护水平

在全面摸清自然资源本底的基础上，依托武夷山国家公园智慧管理平台，运用卫星遥感监测技术、无人机技术、智能视频监控系统，及时掌握国家公园森林火情、茶园变化、松枯死木等情况，实现资源保护、应急管理、环境容量预警等动态监管。

针对山林的巡护，武夷山国家公园自主开发了"巡检平台"，巡护人员可通过拍照、录像、远程视频等方式，在"巡

---

1 张辉：《武夷山国家公园又发现5个新物种》，《福建林业》2023年第4期。
2 同上。

◎ "天空地"一体化网格监测（黄海　摄）

检平台"全程记录巡护情况，并通过"巡检平台"将这些数据传输至智慧管理中心的"智慧大脑"，确保管理人员能及时掌握巡护信息。仅2022年，武夷山国家公园共组织巡护1.21万人次、路线3600余条、里程3.28万千米，利用无人机协助巡护289趟次，累计飞行时长141.9小时，确保园区内所有资源得到全面有效的巡护管理。

（三）智慧管理提升服务效能

武夷山国家公园管理局建立武夷山景区智慧管理平台，以解决游客服务及景区管理中存在的突出问题。智慧管理平台以便民服务为目标，构建智能化旅游管理网络平台，游客可通过APP、微信公众号、小程序等方式提交入园网上申请。同时，为实现游客管理智能化，园区内建立了身份、人脸和车辆识别系统，实现游客的高效通行。武夷山景区智慧管理平台还可利用公园内部车辆管控系统，智能实施车辆调度，完成对景区车辆的实时分流监控，实现车辆管控智能化。武夷山景区智慧管理平台实时对游客承载量进行监测，实现门票分时分段预约、错峰入园，控制瞬时流量，保障游览的秩序性和协调性。同时，游客管理依托景区内的安全保障监控系统，对游客的危险行为进行监控，并及时采取警示与应急措施，确保武夷山国家公园的生态安全与游客旅游安全。

（四）文化遗产数字化管理与监测

根据第三次全国文物普查成果，武夷山国家公园范围内共有15个市县级以上文化遗产，其中国家级2个、省级3个、市级10个；不可移动文物点51处，包含摩崖石刻、古遗址、书院建筑、宫观寺庙等诸多类型。现有的文物信息主要以文字、照片为载体存储和展示。

为提升武夷山国家公园文化遗产保护水平，武夷山国家公园管理局通过科技赋能，利用VR、激光点云等新技术手段将文物数据"数字化"，进一步提升文物的宣传价值，展示武夷山国家公园自然与历史文化风貌。武夷山国家公园管理局通过开展文化遗产资源调查，建立国家公园内县级以上文物保护档案，制定完善文化遗产保护具体实施方案并组织落实，逐步建立了文化遗产"电子地图"，并运用信息技术，以相关文化遗产数据为基础，搭建保护文化遗产的智能化管理系统。

◎ 风雪桐木关（黄海　摄）

四、社区发展：探索分类调控、互促共赢

　　武夷山国家公园的社区具有中国南方集体林区社区的典型特点[1]。武夷山国家公园体制试点实施以来，其内部社区管理模式不同，试点区与社区存在着各样的矛盾，如何平衡各利益相关方，实现国家公园和社区的协同发展，成为国家公园社区问题解决的难点[2]。武夷山国家公园体制试点区因其独特的地理位置和社会经济背景，在资源利用方面与社区的矛盾冲突更加凸显，是中国国家公园体制试点区面临的共性问题的缩影。

1　廖凌云、杨锐：《武夷山世界遗产地保护管理的社区参与现状评述》，中国城市规划学会风景环境规划设计学术委员会，2017。
2　廖凌云、范少贞、董建文等：《武夷山国家公园体制试点区的社区参与模式评述》，《福建林业》2020 年第 4 期。

（一）分类调控优化，提升社区治理

在社区调控层面，武夷山国家公园根据环境承载能力，建成布局合理、减量聚居、环境友好的居民点体系[1]。按照村民自愿的原则，鼓励国家公园重要生态区域零星、分散的原住民生态搬迁，减少零散居民数量，提升自然生态系统的连通性和完整性。

武夷山国家公园管理局以"详细规划+规划许可"和"约束指标+分区准入"的方式对社区实行管控，合理划定与调整居民生产生活用地，优化"三生"空间（生产空间、生活空间、生态空间）。同时，国家公园管理机构配合当地政府对外围社区和关联社区实施管控，严格执行国土空间规划，控制社区建设规模。

（二）落实生态补偿，激发绿色福祉

在生态补偿方面，武夷山国家公园通过探索多元生态补偿措施，既服务生态环境的恢复和保护，又保障原住民生产生活水平稳步提升。首先，建立差异化生态效益补偿机制，管理机构出台并严格落实《建立武夷山国家公园生态补偿机制实施办法（试行）》，初步建立起以资金补偿为主，技术、实物等补偿为辅的生态补偿机制[2]。其次，建立并实施因灾致损制度。结合国家公园的特点，探索建立野生动物伤人救济补助政策和

1　林爱平、全文婷：《国家公园体制下的武夷山旅游开发研究》，《闽江学院学报》2018年第3期。

2　夏云娇、王俊华：《国家公园生态补偿地方立法的特点和不足及其完善》，《安全与环境工程》2020年第2期。

野生动物致害综合保险业务，多渠道筹措补偿资金，缓解原住民和野生动物的矛盾。同时，建立生态移民搬迁补偿机制。出台《武夷山国家公园生态移民安置办法》，鼓励社区居民有序迁出国家公园自然保护地的敏感区域。

（三）建立共管机制，共促和谐共享

在社区管理层面，武夷山国家公园建立社区共建共管体系，鼓励原住居民参与到国家公园的建设中来，并在此基础上完善国家公园管理部门和社区之间的共建、共管机制。由武夷山国家公园管理局牵头，与属地政府及其有关部门建立武夷山国家公园联合保护机制，制定《武夷山国家公园联合保护管理公约》，签订社区共管协议，明确各方责、权、利关系，从约束、监管、激励与利益分享机制等方面制定综合措施。构建平

◎ 桐木村民居（黄海　摄）

等协商、通畅民意的沟通渠道，研究解决阶段性问题，实现措施共商、信息共享。

在社会参与方面，武夷山国家公园充分发挥当地社区居民的积极性与智慧才能，推进社区共建共管，实现利益共享。在国家公园重要政策的制定过程中，通过函询、座谈会、听证会等形式，引导村委会、居民、企业等利益相关方参与国家公园建设中，确保管理决策的科学性与民主性。其次，鼓励社区居民参与国家公园的建设与管理，通过建立就业引导与培训机制，引导村民参与特许经营、资源保护、旅游服务，同时公开选拔优秀人才，招聘生态保护员、岗哨工作人员和应急管理团队成员。

（四）引导社区发展，营造安居乐土

在社区发展上，按照《武夷山国家公园社区发展专项规划》，从国家公园社区共管、乡村建设、产业发展、入口社区建设等方面谋划发展。武夷山国家公园支持所在地政府创新划定4252平方千米的国家公园保护发展带，适度发展文旅、康养、度假等环境友好的产业，并将国家公园的保护工作扩展到周边区域，防止国家公园成为生态"孤岛"。武夷山国家公园管理部门支持社区发展林蜂、林菌等绿色生态产业，拓宽社区村民增收渠道，以实现百姓富、生态美的有机统一。

第三节　正式设立的显著成效

武夷山国家公园建设始终围绕"文化和自然遗产的世代传承、人与自然和谐共生"的目标，不断推动生态保护、绿色发展、民生改善相统一[1]。武夷山国家公园正式成立以来，通过政策引领、严格保护、兼顾民生发展、加强公众科普构建科学合理的管理体系，使得国家公园充分发挥其生态效益、经济效益与社会效益，并在自然保护、改善民生、科普宣教等方面均取得了显著的成效。

一、制度引领，治理能力提升

武夷山国家公园自试点区建设探索以来，国家及地方政府相继出台了一系列政策文件，为武夷山国家公园建设与管理提供了坚实的制度保障。从《建立国家公园体制总体方案》到《关于推进国家公园建设若干财政政策的实施意见》，从《武夷山国家公园总体规划（2023—2030年）》编制实施到《福建省武夷山国家公园条例》《江西省武夷山国家公园条例》正式实施，从生态保护红线的划定到自然资源资产产权制度的改革，不断完善顶层设计，不仅明确了国家公园的功能定位、发展目标和管理机制，还细化了生态保护、社区发展、科学研究等具体措施，为武夷山国家公园高质量发展奠定了

1　严冰：《国家公园：生态文明建设的亮丽名片》，《人民日报》（海外版）2024年10月16日。

◎ 武夷山国家公园福建管理局正式挂牌（黄海　摄）

坚实基础[1]。

　　国家公园建设管理涉及多个部门，包括自然资源、生态环境、林业、水利、农业农村、公安等部门。武夷山国家公园建设以来，各部门密切协作，建立了高效工作协调机制。通过定期召开联席会议、联合开展执法检查等方式，共同推进武夷山国家公园的生态保护、资源管理、科研监测等工作。同时，积极引导社会力量参与国家公园建设和管理，形成了政府主导、部门协作、社会参与的良好工作格局。

　　二、严格保护，生态成效显著

　　自成立以来，武夷山国家公园实行严格的生态保护政策，

1　温雅莉：《国家公园设立三周年特别报道：倾力守护双世遗，人与青山两不负——武夷山国家公园的一山共治与和谐共生》，《绿色时报》2024年10月15日。

◎ 国家二级保护动物——藏酋猴（黄海 摄）

落实最严格的生态保护措施。在核心保护区域实行封山育林，对低海拔基带受损森林植被景观开展近自然修复，减少人为活动干扰，通过严格的河道巡护和对主要景观带空间的风貌管控和全流域治理，同时加强对武夷山国家公园游客容量和旅游活动的管控，确保了生态系统的稳定健康。

　　基于严格的保护举措，武夷山国家公园生态保护成效日益显现，国家公园内种群数量稳定。在此期间，逐步发现39个新物种，包括三叉诺襀在内的昆虫类17种、多形油囊蘑等菌类4种、挂墩华南溪蟹等无脊椎动物3种，以及两栖类动物武夷林蛙与植物武夷山卷柏等。同时，伴随着生态茶园的建设推广、流域生态保护与修复工作的加强，以及对森林资源保护力度的加大，野生动物栖息地质量持续下降的趋势得到了有效遏制。国家一级保护物种黄腹角雉和白颈长尾雉种群数量保持稳定，国家二级保护动物藏酋猴种群数量逐年增加。

◎ 武夷山燕子窠生态茶园示范基地（黄海　摄）

在生态系统及服务方面，武夷山国家公园的生态系统总产值核算工作取得初步成果，生态系统调节服务在其中占据了主导地位。调节服务中，碳固定服务的波动相对较小，而土壤保持功能则呈现提升趋势。监测结果显示，地表水水质优级监测点占比从95.7%上升到98.5%，森林植被固碳释氧量与2022年相比平均上升12.5%。"武夷山国家公园生态产品价值实现"案例入选《自然资源部生态产品价值实现典型案例》[1]。

三、生态富民，综合效益突出

武夷山国家公园涉及两省五县（市、区），保护与发展矛盾突出。在严格保护的前提下，武夷山国家公园致力于发掘周边区域生态产品的价值，推动生态资源转化为经济效益，以

1　严冰：《国家公园：生态文明建设的亮丽名片》，《人民日报》（海外版）2024年10月16日。

实现当地居民的生态富裕。武夷山国家公园积极探索"茶—林""茶—草"等模式，引导广大茶农开展园内生态茶园改造，并由武夷山国家公园免费提供苗木，鼓励套种楠木、红豆杉、银杏等珍贵树种，并根据不同季节见缝插针地套种紫云英、大豆、油菜花等绿肥，同时辅以绿色防控技术，丰富茶园生物多样性，有效维护茶园生态平衡，降低管理成本，提高茶叶品质[1]。通过一系列举措推动了传统林产加工产业向高附加值、高科技含量、集约化方向转型升级。同时，开展森林经营、竹林经营等林业碳汇项目开发或储备，挖掘培育水资源产业项目，促进生态保护与社区经济协调发展，实现了生态保护与经济发展双赢的局面。

◎ 武夷山国家森林步道（黄海 摄）

---

1 温雅莉：《国家公园设立三周年特别报道：倾力守护双世遗，人与青山两不负——武夷山国家公园的一山共治与和谐共生》，《绿色时报》2024年10月15日。

◎ 武夷山国家公园1号风景道（黄海 摄）

    武夷山国家公园的建立不仅改善了当地居民的生活质量和生产条件，也为居民提供多元化的就业机会。国家公园在设立生态管理和保护的公益职位时，优先考虑符合条件的当地居民积极参与国家公园的保护与管理工作。现今，武夷山国家公园聘有生态管护员、护林员170余人，武夷山主景区公开择优招聘竹筏工、环卫工、观光车驾驶员、绿地管护员等共1300余名，其中由当地居民任职的岗位占生态公益岗位数的99%。2022年，国家公园社区内2个行政村村民人均可支配收入均高于周边行政村，其中桐木村村民人均可支配收入2.85万元，较周边高0.76万元，坳头村村民人均可支配收入2.9万元，较周边高0.85万元。2023年，桐木村村民人均可支配收入3.98万元，比园外高1.44万元，年均增长8.86%。

    此外，武夷山市利用国家公园的辐射带动作用，积极融入环武夷山国家公园发展保护带建设，高标准打造国家公园1号风景道。风景道全长251千米，串起了一条"流动风景线"，成为很多游客探寻武夷文化的索引图。2023年，武夷山市旅游接待人数和收入分别达1550万人次、216亿元。

四、科普宣教，生态理念传播

武夷山国家公园拥有良好的生态环境、悠久的历史文化和物种多样性优势，是开展自然教育研学活动的最佳实景课堂。武夷山国家公园已成功举办多项自然教育研学活动，并建设科普展示馆和生态教育基地，为公众提供了解国家公园和生态保护的平台。

2023年10月，联合国教科文组织在武夷山国家公园举办了首场"青少年进森林"自然教育研学活动。2024年8月，活动再次举办，来自北京、上海、昆明等全国15个城市的45名优秀

◎ "青少年进森林"自然教育研学活动（武夷山国家公园福建管理局　供图）

◎ "关注森林·探秘武夷"生态科考活动（黄海　摄）

青少年参加研学。在自然教育导师的引领下，同学们考察武夷山代表性的丹霞地貌山水画卷，登上先锋岭瞭望塔，俯瞰武夷大峡谷壮观的地质断裂带，参观国家公园宣教馆，全面了解武夷山国家公园的生物多样性。

　　武夷山国家公园科普展示馆及一批生态教育基地的建立，促进了国家公园理念的宣传，使生态保护理念深入人心。目前，武夷山国家公园已成功设立国家青少年自然教育绿色营地，为中小学生和社会公众提供生态教育的场所。同时，积极举办中小学生生态科考行、科普课堂进校园等活动，提升武夷山国家公园的品牌形象，推进了学校教育与自然教育的有机融合。

第五章

机制创新、协同发展：
环武夷山国家公园保护发展带的探索

良好生态环境既是自然财富，也是经济财富，关系经济社会发展潜力和后劲。我们要加快形成绿色发展方式，促进经济发展和环境保护双赢，构建经济与环境协同共进的地球家园。

——2021年10月，习近平主席在《生物多样性公约》第十五次缔约方大会领导人峰会上的主旨讲话

在保护国家公园自然生态系统的原真性、完整性的基础上，更好地统筹生态保护和绿色发展，防止国家公园"孤岛"化，设立环武夷山国家公园保护发展带（以下简称"环带"），划定面积为4252平方千米。明确"环带"建设发展的"生态保护、绿色发展、民生改善"三大目标，对保护武夷山国家公园、弘扬生态和文化价值具有重要意义。

第一节　协同国家公园建设与社区发展的重大创新

一、"环带"设立的时代背景

2021年3月22日，习近平总书记来福建考察，第一站就抵达武夷山，嘱托："要坚持生态保护第一，统筹保护和发展，有序推进生态移民，适度发展生态旅游，实现生态保护、绿色发展、民生改善相统一。"[1]为贯彻习近平总书记的重要讲话重要指示精神，2021年11月26日，福建省第十一次党代会对南平提出"要坚持生态优先、绿色发展，做大做强茶、文旅和康养等产业，建设好武夷山国家公园"的要求。南平市创造性地

[1]　《在服务和融入新发展格局上展现更大作为　奋力谱写全面建设社会主义现代化国家福建篇章》，《人民日报》2021年3月26日。

提出围绕武夷山国家公园设立"环武夷山国家公园保护发展带"的设想，并实施生态环境保护、历史文化遗产保护、文旅融合发展等"五大行动"，进一步展现生态价值和竞争力，构筑南平"生态核心"。

"环带"作为国家公园周边地区保护和发展的融合探索，开全国先河。这不仅是对国家生态文明建设实践的积极回应，更是促进区域绿色高质量发展的地方首创。

事实上，《南平市国土空间总体规划（2021—2035年）》提出构建"两屏一树、轴带引领、双核多极"的总体格局，即系统提升保护武夷山生态屏障、鹫峰山生态屏障；构建南平市"一江八溪""生态树"；推进武夷发展带集聚发展，打造北部发展轴；做优做强双核心，推进外围县（市）多极发展。环武夷山国家公园地区主要涉及其中的"建阳—武夷"核心，重点是以武夷新区建设为核心，强化建阳区和武夷新区的联动，促进同城化进程，武夷新区与武夷山市统筹联动，打造绿色发展新引擎。"环带"作为闽北生态核心区以及福建省山区城镇发展的先行范例，成为开启新时代富美新南平建设新篇章的关键抓手。

二、"环带"协同发展的理论基础

（一）"环带"协同发展理念

"环带"区域协同发展的核心在于倡导和推动国家公园与周边地区间的统筹协调，即要求区域内各个地区、各个环节之间形成良好的协作机制，共同发展。打破传统的孤立发展

◎ 南平市建阳区麻沙镇杜潭村驿站（梁勇 摄）

模式，推动国家公园与周边地区间的紧密合作，形成一套行之有效的协作机制。在有助于资源的优化配置的同时，更能激发区域发展的内在动力，推进经济社会全面、协调、可持续发展。

"环带"区域协同发展是一种新型发展理念，结合"环带"区域的实际情况，旨在推动"环带"区域全面持续发展，实现人与自然和谐共生的美好愿景。同时，"环带"区域协同发展理念具有普适性，可以在不同地区、不同层面的国家公园保护发展的实践过程中得到推广和应用，为促进国家公园保护和区域经济社会的协调发展提供有益的参考。

（二）"三圈"分区规划理论

分区规划是自然保护地规划管理的重要手段。分区规划因其模式、方法简洁清晰，且可根据不同应用场景进行动态调整，在区域规划、遗产地规划等方面得到广泛应用，并且被证明是行之有效的。在20世纪30年代至40年代，基于保护生物学研究理论，以自然保护区为代表的自然保护地多采用"核心区—缓冲区"的"两圈"分区规划模式；而在20世纪70年代至80年代，在联合国教科文组织生物圈保护区研究的推动下，根据保护对象的重要性和可利用性，"两圈"模式逐步发展为"核心区—缓冲区—过渡区"的"三圈"分区模式[1]。

"三圈"分区模式中的核心区是保护的重点，即需要严格保护具有最高保护价值的区域；缓冲区是保护地中仅次于核心区的重要区域，能够在功能上有效保护核心区，减少人类活动和外部环境对核心区的不利影响；而过渡区则充当自然保护地与开发利用区之间的屏障，缓解开发利用区带来的冲击与负面效应。

基于国家公园综合的资源要素、复杂的社会经济属性、保护管理难度大等特点，"三圈"分区规划模式可以较好地实现保护管理目标。例如德国贝希特斯加登国家公园分区规划遵从了"核心区—缓冲区—过渡区"的"三圈"分区模式，在核心区明确提出在管理上限制人为活动；缓冲区则作为严格的限制区域，允许传统人类活动的留存；而过渡区则作为游客集中活动与访问的区域[2]。

"环带"的划分，正是基于"三圈"分区规划理论，其中武夷山国家公园范围是"内圈"的核心区，是最具保护价

1　赵智聪、彭琳：《国家公园分区规划演变及其发展趋势》，《风景园林》2020 年第 6 期。

2　《德意志民主共和国的经济地理分区简介》，《地理科学进展》1957 年第 3 期。

值的区域；"环带"围绕武夷山国家公园外围划定面积4252平方千米的"外圈"区域，其中又分为保护协调区（约1010平方千米）和发展融合区（约3242平方千米），对保护协调区采用正、负面清单进行管控，只允许有限人为活动，与国家公园构成大生态一体化保护系统，旨在建设国家公园保护延伸缓冲地带，同时总体限制常住人口规模的大幅增长，适度控制城镇规模，允许美丽乡村建设和合理旅游服务开发；发展融合区设定准入门槛，吸引国家公园生态移民和产业转移，打造国家公园绿色发展的拓展承接过渡地带，重点促进发展，坚持生态优先、绿色发展，努力实现生态保护、绿色发展、民生改善相统一。

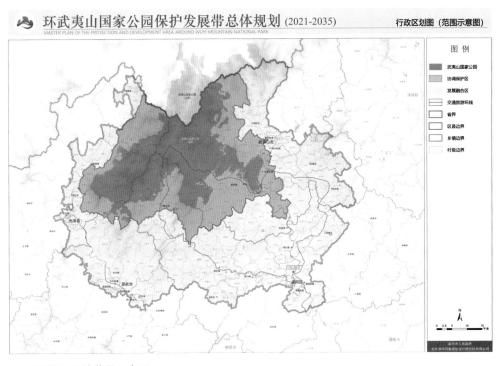

◎ "环带"区域范围示意图

来源：《环武夷山国家公园保护发展带总体规划（2021—2035年）》

专栏5-1　保护协调区：采用正、负面清单进行管控，

与国家公园构成大生态—体化保护系统，

打造国家公园保护的延伸缓冲地带

协调生产生活空间，保障原住居民的生产生活，控制经营内容及规模，形成生态保护与资源利用的可持续发展模式，促进人地关系和谐。

表5-1　保护协调区正、负面清单

正面清单	负面清单
人：零星的原住居民在不扩大现有建设用地和耕地规模的前提下，允许修缮生产生活设施，保留生活必需的种植、捕捞、养殖等活动。	①严格遵循南平市"三线一单"生态环境准入清单中提出的产业准入、腾退条款。
林：加快建设松材线虫森林生态屏障阻断区、防火林带隔离区等，形成以防森林火灾、防地质灾害、防松材线虫等为重点的系统防护网络。积极实施精准提升工程、环带保护修复工程、流域生态治理工程等优化生物多样性的生态环境。	②禁止发展高耗能、高排放、高污染产业，禁止有损自然生态系统的侵占水面、湿地、林地的农业开发活动。
园：将生态保护优先作为茶产业发展的一条红线；推动茶业数字化，深耕生态茶园，鼓励和支持茶企、茶农高标准建设生态茶园；茶园面积实行总量控制，现有茶园逐步推广"生态茶园"种植模式，不得擅自扩大规模；做好环境影响评价工作，避免过度开发造成生态环境破坏，开展生态修复，复垦为林地、草地。	③禁止随意砍伐防风固沙林和农田保护林。
田：永久基本农田现状种植粮食作物的，继续保持不变；按照《中华人民共和国土地管理法》第三十三条明确的永久基本农田划定范围，现状种植棉、油、糖、蔬菜等非粮食作物的，可以维持不变，也可以结合国家和地方种粮补贴有关政策引导向种植粮食作物调整。	④不得将确需退耕还林还草的耕地划为永久基本农田，不得将已退耕还林还草的土地纳入土地整治项目，不得擅自将永久基本农田、土地整治新增耕地和坡改梯耕地纳入退耕范围。

专栏5-2 发展融合区：设定准入门槛，
吸引国家公园生态移民和产业转移，
打造国家公园绿色发展的拓展承接地带

以促进发展为重点，坚持生态优先、绿色发展，努力实现生态保护、绿色发展、民生改善相统一。发展融合区进行差异化管控，打造国家公园绿色发展的拓展承接地带。

表5-2 发展融合区正、负面清单

正面清单	负面清单
严格执行项目前置审批制度，有控制的优先发展茶、水、竹等生态产业、绿色产业。	严格遵循南平市"三线一单"生态环境准入清单中提出的产业准入、腾退条款。
茶产业：推进武夷岩茶品牌战略，开发武夷岩茶衍生品，发展生物科技产业。	光泽金岭工业园区：竹木加工禁止引入利用国内阔叶林为原料的木材加工等资源消耗型项目。
竹产业：重点开展森林经营、竹林经营等碳汇项目。	邵武经济开发区：退城入园项目做到不增污，确保区域环境质量不下降。
水产业：打造水产业专业园，积极开发泡茶水、健康水等高端功能水产品，同时依托优质水资源发展壮大制造业。	建阳经济开发区：竹木循环产业禁止引进植物浆制造、造纸项目，限制森林资源高消耗和低附加值的林木加工企业。
农业：优化延伸产业链，引领传统农业走向休闲化、生态化和体验化。	水源保护区：禁止在饮用水水源保护区内设置排污口，禁止新建、改建、扩建与供水设施和保护水源无关的建设项目。

三、机制体制创新，助力"环带"发展

（一）建立生态产品价值实现机制

推进"环带"的林权、碳排放权等自然资源产权改革机制。设立"森林生态银行""碳汇银行"等，打通生态价值实现路径，探索私有、国有产权流转方式，促进林业适度规模经营，建立利益共享机制，加强政府对自然资源流转的引导、规范和服务。

创新投融资体制机制。拓宽自然资源发展融资渠道，扩大自然资源使用权的出让、转让、出租、担保、入股等权能，完善碳排放权、林权等的交易市场，丰富各类自然资源市场主体的融资路径和融资手段。推动设立自然资源公共基金，健全与完善资本市场投融资运行机制。

搭建权属交易和产品交易两类自然资源产品交易机制。加快创建涵盖碳排放权交易、水权交易、林权交易、碳汇交易、用能权交易、污染排放权交易等虚拟产品，以及生态产品、水产品、森林康养等产品和服务的综合交易市场。以市场为主体，完善制度技术体系保障，引入绿色金融支持，鼓励消费者多消费生态产品。

（二）组建三级协同的管理架构

第一级是福建省和江西省共同建立和完善武夷山国家公园跨省协同机制，通过定期联席协商会等形式，促进"环带"核心区的协调对接与协同管理；第二级是从省级层面推动国家

◎ 武夷山市五夫镇田园风光（黄海　摄）

公园管理局与南平市政府之间对国家公园和"环带"的协调管理。第三级是推动南平市"环带"办公室成为市级层面常设的协调议事机构，负责统筹指导监督，对涉及的区县和市直相关部门的工作进行监督检查，承担"环带"重点项目前置审核以及执法监督、督查考核等职责。

（三）建立行之有效的监管体系

建立"环带"保护与发展定期协调会商制度，如全体联席会议、专题会议等，发挥市级"环带"工作领导小组作用，有效解决规划实施过程中的重点难点问题，特别是在公共政策投入、管理规定制定、重大项目推进方面，系统对接好"环带"保护发展的阶段任务和工作计划，实现政出一门、同步高效。结合南平市规划评估和城市体检工作，建立"环带"规划监测评估预警机制，动态维护。"环带"办公室牵头加强自然资源监测指标体系和技术体系，定期开展监测。完善"环带"多规合一平台建设，采取嵌入南平市平台的方式，紧扣高度敏感的

生态环境和严格的建设管控要求，实现多规目标指引、指标统筹、空间管控和时序安排上相互衔接、彼此协调。

四、"环带"协同发展的实践意义

（一）生态保护与地方发展的共赢之路

"环带"以武夷山国家公园为中心，促进了周边地区的共同参与和发展，从而实现了人与自然的和谐共生，该模式必将成为福建省乃至全国国家公园与周边区域协同发展的典范。

（二）保护地区域协同发展的创新样本

"环带"的划定，满足了分级保护工作的有序发展要求，为人口稠密地区自然保护地与周边协同发展提供了可复制、可推广的示范模式。南平市首创的"国家公园+环带"的模式对中国国家公园的发展具有里程碑式的意义。

◎ 政和县东平镇楠木古树群（黄海 摄）

（三）美丽中国"两山"理论[1]的践行载体

为吸引生态移民和产业转移，环带建设通过延展绿色发展的支撑地带，打造全长251千米的武夷山国家公园1号风景道，并在沿线4个乡镇10个乡村合理布局一批生态、文化产业，从风貌管控、产业提升、文旅融合等方面形成详规，重点推动构建以生态产业化和产业生态化为主体的生态旅游体系，促进了"双世遗地"及周边地区生态和文旅资源保值增值，将生态保护与经济发展紧密结合起来，推动区域的绿色发展，是践行美丽中国"两山"理论的最有效载体。

---

1 "两山"理论指的是习近平总书记提出的"绿水青山就是金山银山"理论，是习近平生态文明思想的核心要义之一。

第二节　人与自然和谐共生的探索

一、构建自然生态保护整体格局

（一）保护自然生态系统

"环带"是国家公园生态保护的缓冲地带，能够有效避免公园"孤岛"化，保护生态本底价值，保护典型自然生态系统极其丰富的生物多样性，适应了国家公园设立的目标，保持自然生态系统原真性、完整性，保护传承优质的自然与人文资源，提升武夷山国家公园的生态系统和资源本底价值。

此外，"环带"分区管控，涉及地理范围、控制指标、管控利用强度等空间范围内的重要生态和社会要素，体现出国家意志和发展规划的战略性和科学性，合理有序布局生态、农业与城镇的空间功能，为完善以武夷山国家公园为主体的自然保护地体系提供方向选择和价值指引。

（二）保护生物多样性

以生物多样性保护为导向，紧密衔接武夷山国家公园的生态保护内容，开展"环带"珍稀濒危野生动植物保护工作，通过对重要生态资源、生态功能重要区、生态功能敏感区、重要生态廊道和生态节点的保护和建设，强化区域生态安全格局的

◎ 建瓯万木林自然保护区（黄海　摄）

连续性，加强重要生态功能区保护，预留生态缓冲空间，维护区域生态系统的平衡与稳定，确保区域生态安全，增强东南地区重要生态安全屏障的保护功能。"环带"的重点保护对象是由中亚热带原生天然常绿阔叶林构成的森林生态系统及珍稀濒危的野生动植物资源。为了有序扩大南方红豆杉、水松、白豆杉等珍稀植物的野外种群，"环带"积极实施植物迁地保护、植物致濒机制与脱濒野化技术研究等一批珍稀植物野外种群的保护与研究工作。

二、生态系统一体化修复

（一）全域森林生态修复

大力开展"环带"区域国家级生态公益林保育；加强闽江源头水土流失治理，提高江河源头森林的水源涵养能力；全面保护亚热带原生性森林生态系统；加强天然林保护和公益林管护；加强武夷山生物多样性保护；加强对天然林的生态修复，修复及抚育退化林，调整人工林树种结构，以及培育复层、混交、异龄林；协调林茶、林竹矛盾，适当控制茶园、竹林地种植规模，科学推进生态红线内退茶还林，恢复森林植被，遏制林地退化；加强松材线虫病等林业有害生物防治，防止扩散蔓延；以及加强森林火灾防治，推进防火阻隔带建设等。在森林可开发利用区域，优先保障重点商品林基地用地，重点建立以速生丰产用材林、丰产竹林基地为主，以培育大径材、珍贵树种基地建设为辅的林业基地。提高林地生产力，优化树种、材种结构。

（二）重点河流保护修复

积极开展崇阳溪、麻阳溪和富屯溪的生态保护与修复。通过开展水环境治理，严格控制水资源开发利用总量，保障流域水生态安全，提高沿岸植被覆盖，增强水源涵养能力及水土保持能力，提升片区水域生态功能。营造自然深潭浅滩和泛洪漫滩，建设亲水景观，为生物提供多样性生长环境，开展生态岸线建设、恢复河滩、修复河岸。

◎ 武夷山森林景观（黄海　摄）

◎ 国家一级保护动物穿山甲（黄海 摄）

◎ 国家二级保护植物钟萼木（黄海 摄）

专栏5-3　重点河流生态建设及水环境治理

1.开展崇阳溪生态保护、修复及水环境治理

提升崇阳溪河源区生态功能，加强封山育林和生态公益林保护，严格水土流失预防与治理，增强水源涵养能力及水土保持能力。维护崇阳溪河流生态景观，加强水环境治理，改良河床，维护河流良好生态环境。开展生态岸线建设，恢复河滩、修复河岸，营造自然深潭浅滩和泛洪漫滩，建设亲水景观，为生物提供多样性生长环境。

崇阳溪重点抓好茶叶种植污染防治、城镇和农村基础设施建设短板，以点带面，示范引领。东溪水库出口断面汇水范围主要为加强水源涵养，推进东溪水库饮用水水源保护区划定工作；强化农业面源污染治理，实施农药化肥减量增效，推广有机肥料施用，减少氮磷污染物通过渠道入河。

2.加强麻阳溪生态保护、修复及水环境治理

用生态方式改善麻阳溪河水水质，恢复水生态系统，推进麻阳溪缓冲带生态功能受损的河湖周边实施退养还滩、退田还湖，推进入湖河口污染拦截净化前置库、湿地建设，有条件地区开展硬化河道生态化改造，构建适宜的水生动植物群落，增强面源污染的拦截、净化功能，逐步恢复河岸带生态系统功能。提高防洪能力和水环境承载能力，提升河岸景观，发展水美经济。

麻阳溪上游重点为保护饮用水水源，下游应强化水生态保护修复。建阳西门电站断面汇水范围重点推进河

湖缓冲带修复和河岸生态修复与保护工程，不断提升水生态环境，同时进一步加强沿河农村生活污水基础设施建设及管网改造，强化农村生活污染的监管与防治。

3. 推进富屯溪生态保护、修复及水环境治理

通过水质提升改造、河岸整治与修复以及水环境生态安全修复，对富屯溪水环境进行综合整治。以自然恢复为主、人工修复为辅的方式，开展重点河段综合治理，通过河流生境保护，恢复河流生态景观，保护河流生态系统的连通性。开展生态岸线建设，对受损河流岸线采取河岸湿地近自然修复、河漫滩恢复等措施加强对河岸边坡的生态护理，防止水土流失。建设河流缓冲带，重塑健康自然河流，保护水生态环境。

富屯溪以污染防治和风险防范为重点，强化生活污染治理、农业源氮磷污染治理。严格控制氮、磷污染排放，推进畜禽养殖废弃物资源化利用，促进粪污无害化处理；提高光泽、邵武等地生活污水处理能力。

邵武越王桥断面汇水范围主要为加强工业园区污水收集处理设施建设，实施金岭污水处理厂尾水提标改造工程和和顺工业园区污水处理厂建设；开展水产养殖污染整治，推进水产养殖污染治理和达标排放；鼓励开展富屯溪光泽段河湖生态缓冲带建设，恢复河滨带植被。邵武晒口桥断面汇水范围主要为补齐邵武城区污水处理厂管网短板，开展污水处理厂配套管网的建设和污水处理厂的提标改造工作；强化农业种植污染防控，推广化肥、农药减施，有机肥使用等；推进工业园区"污水零直排区"建设。

◎ 白塔山峡谷双瀑布（梁勇　摄）

（三）重要湿地保护修复

通过河流—水库—湿地涵蓄水系统，监控河流两侧现状湿地生态环境质量，强化水生态修复和生态需水安全建设，完善湿地保护网络。为了保证湿地生态系统结构完整，实现生态良好的服务功能，加大"环带"湿地上游的森林植被保护工作，以保障湿地上游水源涵养能力。通过调查湿地被侵占的情况，对严重破碎、功能退化和集中连片的自然湿地进行修复与综合治理，采取恢复植被、改善栖息地生态环境等措施，推进湿地分级保护、分类管理，以实现实施湿地保护与恢复工程，维护良好的生态环境。

（四）水土流失综合治理

采取生物措施与工程措施相结合的治理方式，进行"环带"水土流失综合治理。在水土流失敏感区，根据区域水土流失特点，以小流域为单元，因地制宜设置水土保持防护措施。如针对流域的坡面地带，采用了植被恢复、梯田修筑、拦沙坝建设等综合治理手段，有效减缓了土壤侵蚀现象。在一些具有较高生态价值的区域，如溪谷地带，重点推行生态护坡和天然植被恢复工程，通过引入本土植物，加强生态防护，保护水源涵养功能。在山地区域，重点强化山地开发的管理、审批，禁止无序采矿，并控制山地农业开发规模。加强对林下区域及茶果园的水土流失防治，遏制土壤侵蚀。在平原地区，强化对水源地保护，抑制面源污染，提高水质，推动安全生态水系和清洁型小流域的建设，加强对生产建设项目的监督管理，减少人为造成的水土流失。在丘陵地区，则须加强对丘陵山坡开发的管理和审批，强化林下及坡耕地的水土流失防治。这些措施的实施，不仅显著降低了水土流失风险，也增强了区域生态系统的稳定性，为其他地区的生态保护与修复提供了借鉴。

（五）矿山生态修复

严格执行绿色矿山标准，对"环带"新建和既有生产矿山进行综合管理和保护，加快矿山改造升级，扎实推进绿色矿山建设和矿山地质环境保护修复，提高矿产资源开发利用水平。加大对矿产资源开发的科技投入，采用先进的采矿设备和技术，提高矿业管理和污染防治效率，确保矿山实现清洁生产，从而显著提高资源利用效率。

三、共筑国家公园与社区协同的共同体

通过促进周边社区的可持续发展，实现"环带"生态保护

与经济发展的协同效应，包括利用生态旅游推动文旅产业，促进就业和文化传承；可持续农业在改善生态环境的同时也增加了农民的收入，推动绿色发展；通过社区居民广泛参与乡镇建设和生态环境管理，使得国家公园与外围社区形成互利共赢的关系。

（一）生态保护与社区发展的双赢模式

1.生态旅游业

设立了武夷山国家公园1号风景道，全长251千米，连接了武夷山国家公园内外的众多景点，促进了沿线旅游服务产业的发展，为周边社区的居民创造了更多就业机会和收入来源，同时文旅融合赋能沿线和美乡村建设，有益于沿线社区居民的生态保护理念教育。武夷山国家公园1号风景道串联沿线自然、人文等景点，拓展了亲子游、研学游、茶文化旅游等多种产品，打造了丰富多彩、极具地域文化特色的文旅产业，提升了自然教育水平，也提升了生态环保意识和扩大了武夷文化的传播。

◎ 游客在武夷山研学茶文化（兰思仁　摄）

专栏5-4 武夷山国家公园1号风景道

1. 基本情况

武夷山国家公园1号风景道全长约251千米，"251"交通旅游环线，寓意"爱武夷"，线路由G322、G237、Y012、X832等国道、省道、县道、乡道的部分路段及部分城市道路组成。项目串联武夷山市、建阳区13个乡镇、30个以上的旅游景区（点）。

2. 构建国家公园1号风景道驿站与观景体系

国家公园内"生态驿站"：依托生态自然环境，营建低干扰的轻型生态驿站，以最小环境影响满足游览休憩需求。

国家公园外"村落驿站+生态驿站"：落实国家公园保护要求，结合村落特色与风景道游览需求，充分利用现有建筑打造驿站，尽量不新增建设用地。

"四个最"观测点：利用风景道沿线及周边既有特色村庄、景点、休闲设施，设置探索国家公园"四个最"（自然遗产最精华、自然景观最独特、生物多样性最富集、自然生态系统最重要）的重要观测点。

低碳公路服务体系：采用景区内电动客车、引入电动汽车分时租赁等服务，以驿站为核心设置自驾、公交、骑行、徒步等多种绿色交通方式接驳中心，完善低碳公路服务体系。

3. 环线分段策划

表5-3　国家公园1号风景道分段策划

分段策划	主要景点
武夷精舍·生态茶旅段	武夷山自然博物馆、红茶发源地、武夷山景区、武夷精舍
朱子故里·茶博展销段	朱熹故里、兴贤古街、朱子巷、紫阳楼、朱子社仓
朱子游历·法医文化段	宋慈纪念园、崇雒村传统村落、勒溪（孔子遗砚）
朱子之殁·林海竹乡段	朱熹墓、德懋堂、黄坑景区
朱子讲学·书院文化段	寒泉精舍、祝夫人墓、建本小镇、圣迹寺
理学名邦·云谷风光段	考亭书院、卧龙湾花花世界、云谷山

2.生态农业

通过使用有机肥料、轮作和多样化种植等方法，减少化学肥料和农药使用，改善土壤质量和水质，从而保护生态环境。以生态茶园为代表的生态农业为例，"头戴帽、腰系带、脚穿鞋、远离化肥农药、施用有机肥"的生态茶园已在武夷山"遍地开花"，取得了较好的经济效益，例如，星村镇黄村村已建立3000亩的生态茶园模式。尽管茶叶产量比以前下降了约30%，但品质显著提高，价格也较之前翻了一番[1]。除建设生态茶园外，还积极发展毛竹产业和旅游业。按照《武夷山国家公园毛竹生产经营管理规定》，引导"环带"竹农开展丰产毛竹林定向培育，支持毛竹山场机耕道路改造提升，加强毛竹采伐管理，促进竹产业健康发展。

1　《国家公园的武夷山样本》，新华网2021年8月24日。

◎ 樱花盛开时节的燕子窠（王敏　摄）

（二）社区参与"环带"建设的实践

1. 参与特色乡镇建设

采用城乡融合理念，通过构建风景道体系串联城乡网络，建设生态文旅示范区，带动"环带"资源共享和产业协同。集中集聚建设五夫镇、星村镇等4个重点乡镇；桐木村、城村村等10个重点村庄，建成了一批国家公园门户小镇、入口社区，实现了资源配置的优化。

以"环带"为轴，建设"环带"基层党建示范区、乡村振兴先行区、产业发展引领区、基层治理创新区和美丽乡村样板区，构成了一道靓丽的乡村振兴图景，凸显"环带"区域的独特魅力，通过提供差异化的服务，丰富游客体验，深化对目的地的印象，从而提升"环带"的旅游竞争力。同时，通过积极促进当地居民参与门户小镇、入口社区的构建，建立起"环带"社区与国家公园之间在经济、生态上的良性互动，激发社区成员保护生态环境的责任感，推动更广泛的生态文化传播和环境保护意识的提升，进而为实现城乡融合贡献力量。

2. 参与保护管理

将社区居民的传统知识与现代管理技术结合，可显著提高"环带"管理的有效性。本土居民更加熟悉山况，许多居民在与自然环境的长期共处中，积累了丰富的经验，包括传统耕作方式、植物种类、动物习性以及气候变化等，这些经验对于生态保护和管理至关重要，能够帮助管理者识别保护优先区域，如在武夷山国家公园的巡护工作中，本土社区居民在巡护工作

◎ 茶乡雪韵（梁天雄　摄）

◎ 武夷山市星村镇（黄海　摄）

人员构成中占比高达85%，承担了核心区域的巡护任务，提升了公园管理效率。武夷山国家公园管理局则为巡护人员提供了必要的培训和资源，帮助居民更好地参与公园的管理。这不仅提高了管理效率，丰富了社区居民参与管理的渠道，也促进了社区的经济发展。

3. 参与环境友好型活动

　　"环带"居民可以在不损害自然生态系统的前提下，从

事环境友好型活动。如适当在"环带"区域内开展自然体验、生态旅游等活动和经营性的特许经营项目，利用"环带"富集的生态资源开发出更多优质的旅游观光服务产品、载有国家公园标识的人文产品，以及生态科普、自然教育服务等生态产品，满足多元主体差异化需求，既能让公众"分配"和"消费""环带"的优质生态产品，又能对"环带"城镇、社区居民的生产生活方式发挥正向的调控作用。

第三节 "环带"的推广价值

一、生态产品价值实现形式的生动实践

(一)遵循自然规律,打造价值实现链条

遵循自然生态规律,统筹生态保护和经济发展。在严格保护的基础上,统筹武夷山国家公园内外以及周边区县,识别保护与发展矛盾突出的区域,划定建立国家公园生态保护的缓冲地带,采取分区域圈层式的差异化管控策略,将人类活动限制在自然资源和生态环境能够承受的限度内,实现武夷山国家公园内外的共同保护。统筹地区间开放合作,协同推进重大生态保护和修复工程建设,提高保护和治理的系统性、整体性、协同性,着力构建"环带"区域生态保护、修复共同体。

遵循经济社会发展规律,统筹政府调控和市场配置。充分发挥市场对生态产品价值实现的引领作用,明确自然资源的产权。依托产权明确的自然资源,通过所有权、使用权、经营权和收益权的流通,实现生态产品的价值增值。建立健全自然资源资产交易市场和竞争机制,鼓励指标交易,将生态产品非市场价值转化为市场价值。政府通过加强规划协调、政策支持、标准制定和法律保障,综合运用财税、产业、金融、土地、人

◎ 三才峰日出（梁勇　摄）

才和贸易等政策，完善生态产品价值实现的支持体系，合理优化生态产品的营商环境，鼓励和引导企业及社会力量积极参与生态产品价值的实现过程。政府主导探索基于森林、草地、湿地等的占用补偿机制，通过生态补偿机制实现其经济和安全价值，确保自然资源的占补平衡。

专栏5-5 坚持"三茶"统筹发展，推动茶文化系统申报全球重要农业文化遗产

1. 分类引导茶园开发利用，推动"三茶"统筹发展

分类引导茶园开发利用。依据村庄区位和茶田特色资源，将茶园划分为农家休闲型、生态度假型、科学教育型、文化展示型，探索各类茶俗文化与旅游融合的模式创新。

推动茶文化与建盏文化联动发展。依托建窑遗址、"建窑建盏烧制技艺"等建盏文化载体，结合茶饮文化，建设建盏制作专题体验区，以及文化创意产业园区。

2. 充分挖掘茶文化遗产，推动全球重要农业文化遗产地建设

维护和提升武夷茶文化系统完整性与原真性。进一步加强古茶园、古茶树体系化管理与保护，推广生态种植管理模式，完善武夷茶文化系统核心组成，推动中国和全球重要农业文化遗产地建设相关工作。

创新茶文化传承模式。深入挖掘宋代斗茶文化，推动斗茶品、斗茶令、茶百戏等宋代优秀茶文化古风传承与保护，建设茶俗茶艺文化展示园、茶文化农业遗产博物馆及研学旅游基地。

◎ 岩骨花香慢游道（黄海　摄）

（二）产业协同，打造绿色经济体系

依托"环带"优越的自然资源和特色农业产业，构建文旅平台，深挖武夷山水文化内涵，统筹茶文化、茶产业、茶科技，将中华民族千百年来"天人合一、道法自然"的理想生活方式呈现出来，构建三产融合的发展体系。

充分释放武夷山国家公园品牌效应，支持武夷山旅游度假核心区世界级旅游目的地的建设，打造文旅融合、茶旅融合、农旅融合、体旅融合、康旅融合、工旅融合等环武夷山绿色产业示范链，并围绕研学教育、文化体验、户外运动、主题游乐、会议商务、医养康旅、休闲度假、乡村旅游等特色旅游产品，辐射带动沿线乡镇发展。促进不同产业之间的合作与融合，实现资源共享、优势互补，引导产业价值链延伸，推动各类产业向绿色、高质量发展的方向迈进。

◎ 武夷山市五夫镇万亩荷塘（黄海　摄）

二、生态资源与文化资源的保护利用

（一）协同提升生态系统质量和稳定性

开展以武夷山国家公园为核心、辐射整个"环带"区域的重大生态保护和修复工程，协同提升"环带"生态系统质量和稳定性，围绕全面提升水、森林、土壤质量，深化"环带"与国家公园的大生态一体化保护系统，涵养优质生态产品供给能力。坚持区域协调，统筹国家公园内外及"环带"所涉及的四个区县，加强对"环带"生产、生活、生态空间布局的引导，持续进行退茶还林及生态茶园的改造，形成"国家公园—保护协调区—发展融合区"的融合发展体系，保障地区生态系统服务能力。

（二）建立严格生态管护新模式

利用卫星遥感、航拍、视频监控等技术手段，及时了解和掌握"环带"水文、大气、土壤、动植物等各类资源的变化情况，建立资源管理、数据分析、功能展示和环境预警相结合的智能监管体系，为各类资源的科学保护和管理提供科学依据。根据"环带"自然要素分布及生态系统服务价值评价，对区域内非建设空间内的山水林田湖草等多种生态要素实行分级管控，按生态管控级别实行差异化生态管控。

（三）优化全域生态安全格局

生态源地、生态节点、生态廊道是生态安全格局构建中的关键要素，基于环武夷山"一脉三溪"的自然山水格局和生态保护重要性评价结果，将这些要素叠加组合，连接各个生态源地，呈网状均匀贯通"环带"四个区县，强化自然生态系统

197

◎ 九曲溪上游天然林（黄海　摄）

的完整性与连通性。依托"环带"及区县主要山水林等自然本底，构建以武夷山国家公园为核心的"一核、多点、多廊"的生态安全格局，发挥辐射带动作用，畅通"环带"物质的流动与能量交换，完善武夷山中亚热带原生性生态系统，保护九曲溪流域生态系统的完整性。

（四）活化利用文化资源

围绕闽越文化、朱子文化、茶文化等文化元素，构建文化展示窗口，紧密衔接武夷山国家公园的文化脉络，形成"两条文化展示带、四大特色文化展示区"的战略构架。辅以红色文化、民俗文化等其他文化展示点，重点发展闽越王城、五夫、考亭、马伏、邵武和光泽六大文旅项目，形成"环带"差异化、主题化和特色化的旅游格局。以国家公园的文化价值为纽带，构建国际文化交流平台。推动各类文化遗产资源的唤醒和利用，融合"大保护"的理念，奠定文化遗产管理体制基础。依托"万里茶道"和"新海上丝绸之路"，打造国际文化、旅游和经贸交流平台，成为国际经贸与旅游的重点地区。

专栏5-6 "两条文化展示带、四大特色文化展示区"战略构架

该构架辅以红色文化、民俗文化等其他文化展示点，重点发展闽越王城、五夫、考亭、马伏、邵武和光泽六大文旅项目，"环带"形成差异化、主题化和特色化的旅游格局。

表5-4 两条文化展示带

两条文化展示带	结合生态文化、两宋文化（朱子）、茶文化、闽越文化，耦合形成崇阳溪—麻阳溪历史生态文化展示带。
	加强对富屯溪光泽段和邵武段的文化资源的保护与传承，打造富屯溪历史生态文化展示带。
四大特色文化展示区	围绕朱子文化，整合宋慈、柳永、建本、建盏、书院文化等历史遗存，形成两宋文化展示区。
	依托武夷山茶文化资源，结合非遗传承的武夷岩茶（大红袍）制作技艺和万里茶道，打造茶文化展示区。
	依托城村汉城国家考古遗址公园保护与开发，建立具有影响力的闽越文化展示区。
	依托池湖遗址、光泽崇仁明清古街，打造商周文化展示区。

第五章

机制创新、协同发展：环武夷山国家公园保护发展带的探索——

专栏5-7　构建"点—线—面"历史文化遗产
管控体系，实行体系化保护

1. 点状历史文化遗产保护

保护管控对象：各级文物保护单位；历史文化街区、历史文化名村、传统村落、历史建筑群等内部的点状文化遗产。

严格落实国家《中华人民共和国文物保护法》《福建省文物保护管理条例》相关法律法规及地方文物保护政策措施。

重点保护文物本体。保护各类文化遗产本体，严禁在范围内进行破坏文化遗产的开发建设活动。

协调控制文物建设控制地带和保护范围。坚守文化遗产保护底线，限制省级以上文保单位的建设控制地带内建设活动，引导保护范围内的土地进行用途分级管制。严格控制保护区内各类建设活动。对接武夷山国家公园总体规划。加强文化遗产保护和修复。编制文化遗产保护专项规划，明确保护重点，强化对文化遗址、不可移动文物的保护修复，严格管控建筑形态、环境和历史风貌。

2. 线状历史文化遗产保护

保护管控对象：富屯溪、崇阳溪、麻阳溪及重要水系的生态文化景观，历史文化街区，古村落串联线路（传统村落和历史文化名村），万里茶道沿线村庄。

严格按照国家及福建省出台的《历史文化名城名镇名村保护条例》《关于切实加强中国传统村落保护的指

导意见》等相关要求，对已公布的历史文化街区和传统村落进行保护。

维护和提升线性文化遗产生态系统完整性。如万里茶道等线性文化遗产保护不仅包括古茶园、驿道、桥梁等沿线遗存保护，也应加强茶道沿途人文风俗、生产生活方式等非物质遗产的保护。

3. 面状历史文化遗产保护

保护管控对象：历史文化名城名镇（邵武市、武夷山市、武夷山市五夫镇），各类文化资源聚集区（传统村落集中连片保护区）。

严格实施相关保护政策法规。严格按照《历史文化名城名镇名村保护条例》《关于切实加强中国传统村落保护的指导意见》等相关要求，对已公布的名镇名村和传统村落进行保护。

正确处理历史文化保护发展空间与生态空间、城镇空间、农业空间刚性边界的关系。保障文化空间的完整性和活动的正常开展，确保空间的协同管理和融合发展。

历史文化保护发展空间与其他空间融合发展。鼓励历史文化遗产分布的城镇空间布置文化、旅游、商业等功能，建设高品质城市活力空间；在文化遗产资源丰富的农业空间发展综合农业、观光农业。推进文化、生态、旅游一体化发展。

积极打造茶文化和红色文化为主题的传统村落集中连片保护区。推动武夷山市依托上梅乡5个国家级传统村落群打造传统村落集中连片保护区示范县。

© 先锋岭（黄海 摄）

展　望

党的二十届三中全会指出："要完善生态文明基础体制，健全生态环境治理体系，健全绿色低碳发展机制。"[1]建设好以武夷山国家公园为代表的中国特色国家公园体系，是新时代完善生态文明制度体系的重要任务，是推进人与自然和谐共生的中国式现代化的必然要求。因此，必须在推进国家公园建设的顶层设计中，纵深推进中国特色国家公园理论体系的构建。同时，需要在武夷山国家公园的具体实践中，进一步挖掘并彰显武夷山国家公园的"双世遗"价值，并通过总结武夷山国家公园跨省联建和环武夷山国家公园保护发展带等体制机制创新，以期打造可复制可推广的国家公园管理模式。

第一，要纵深推进中国特色国家公园理论体系的构建。习近平总书记指出，"努力构建具有中国特色、中国风格、中国气派的学科体系、学术体系、话语体系"[2]。中国特色国家公园理论体系包含中国特色国家公园的学科体系、学术体系、话语体系。从构建学科体系的角度看，中国特色国家公园学科体系建设必须坚持以习近平生态文明思想为科学指引，立足马克思主义立场、观点和方法，根据生态保护、国家代表、全民

1　《中共二十届三中全会在京举行》，《人民日报》2024 年 7 月 19 日。

2　《把保障人民健康放在优先发展的战略位置　着力构建优质均衡的基本公共教育服务体系》，《人民日报》2021 年 3 月 7 日。

© 春山之晨（黄海 摄）

公益的科学理念形成合理的学科门类。从构建学术体系的角度看，中国特色国家公园学术体系是"三大体系"建设的重要组成部分，由学科的性质和任务规定并引导，其主要任务是阐述国家公园的建设目的、建设理念、建设方式方法等问题，不断深化中国式现代化视域下对国家公园的意义、作用、价值的阐释研究。从构建话语体系的角度看，中国特色国家公园话语体系旨在将领域内的学术研究成果进行传播，并在一定程度上满足社会当前乃至长远的需要，在融通古今中外各种资源，形成具有中国特色、中国风格、中国气派的国家公园话语体系。最终，在构建好中国特色国家公园学科体系、学术体系、话语体系的基础上，形成更高层次的学理支撑和话语支撑，以超越国家、民族、文化、意识形态界限为更高追求，实现中华文明与世界文明在国家公园领域的交流互鉴。

第二，要进一步挖掘和彰显武夷山国家公园的"双世遗"价值。武夷山国家公园作为世界自然和文化遗产，具有极高的生态、文化和经济价值。一方面，武夷山国家公园拥有丰富的生物多样性，是涵养水源、保持水土的重要区域。习近平总书记强调："加强以国家公园为主体的自然保护地体系建设，打造具有国家代表性和世界影响力的自然保护地典范。"[1]在未来，基于生态系统完整性保护的现实需求，武夷山国家公园要继续加强对生物多样性的保护和对涵养水源功能的研究与保护，加强人员培训和现代科技装备建设，鼓励和支持当地社区参与自然保护地的保护和管理，确保重要生态系统和物种得到高效保护。同时，依托武夷山的生态资源，积极探索生态产品

---

1 《持续推进青藏高原生态保护和高质量发展　奋力谱写中国式现代化青海篇章》，《人民日报》2024年6月21日。

价值实现路径，发展生态旅游、绿色农业等特色产业，建设绿色生态茶园、竹产业集群等，推动生态产品产业化经营，实现经济效益、社会效益和生态效益相统一，将武夷山国家公园建设成为具有国际影响力和示范作用的自然保护地典范。另一方面，得益于武夷山的自然禀赋，武夷山国家公园孕育出了独特的文化。习近平总书记指出，"在增强国家硬实力的同时注重提升国家软实力，不断增强发展整体性"[1]。这就要求必须深入挖掘武夷山的古闽族文化、朱子理学文化和武夷岩茶文化等历史文化内涵，在保护和传承文化根脉的实践中，同马克思主义立场观点方法结合起来，同中国特色社会主义道路融通起来，实现中华优秀传统文化的创造性转化和创新性发展。此外，通过围绕闽越汉城、摩崖题刻等文化遗存，进行保护利用、品牌打造和文旅融合，构建武夷山国家公园特色的文化品牌体系，进一步提升其文化软实力和影响力。

第三，要进一步深刻总结武夷山国家公园跨省联建和环武夷山国家公园保护发展带等体制机制的创新经验。建设环武夷山国家公园保护发展带是探索国家公园生态和文化保护的创新路径，是以生态、产业融合实现绿色高质量发展的标杆。党的二十届三中全会通过的《中共中央关于进一步全面深化改革、推进中国式现代化的决定》强调："全面推进以国家公园为主体的自然保护地体系建设。"[2]环武夷山国家公园作为浙皖闽赣国家生态旅游协作区的重要部分，必须进一步创新武夷山国

展望

---

1 习近平：《深化合作伙伴关系　共建亚洲美好家园》，《人民日报》2015 年 11 月 8 日。

2 《中共中央关于进一步全面深化改革　推进中国式现代化的决定》，《人民日报》2024 年 7 月 22 日。

家公园跨省联建和环武夷山国家公园保护发展带等体制机制，为中国国家公园建设提供可复制可推广的武夷山经验。首先，进一步创新生态保护机制。环武夷山国家公园要进一步通过建立"市级统筹、县乡协同、条块联动"的环带工作推进机制，广泛开展协同保护工作，完善生态监测体系，科学划分保护协调区和发展融合区，进行差异化分区管控，助推国家公园与周边区域大环境、大生态一体化保护。其次，进一步优化绿色发展机制。环武夷山国家公园要以推动生态产品价值实现为发展目标，聚焦于环带特色优势生态资源转化，探索一条包含竹产业、水产业等生态产品产业化的经营路径，并延伸形成多元化、多层次的"低碳交通+生态旅游"融合发展业态体系。再次，进一步健全民生改善机制。环武夷山国家公园要持续完善环带村庄规划体系，助推生态宜居乡村建设，打造乡村产业振兴示范和社会治理创新示范，推动形成崇尚绿色生活的良好氛围，实现生态保护、绿色发展、民生改善相统一。最后，进一步总结跨省联建经验。要进一步促进浙皖闽赣四省围绕武夷山国家公园建设，构建基于生态优先的合作框架，有效平衡经济发展与生态保护的关系，实现旅游业的可持续发展。同时，四省之间要开展紧密合作，采取强化区域联动、深化产业融合、创新管理机制等举措，实现资源共享、优势互补、协同治理，全面提升区域旅游的综合竞争力和国际影响力，既可以为区域旅游合作的理论研究与实践探索提供新的思路与方向，也为其他地区的国家公园建设提供有益借鉴。

第四，以"两个结合"深入推进武夷山国家公园高质量建设。"两个结合"是习近平总书记在庆祝中国共产党成立100

周年大会上的重要讲话中明确提出的重大理论观点，是对马克思主义中国化的推进、创新和飞跃。2021年3月，习近平总书记在武夷山朱熹园考察时指出："我们要特别重视挖掘中华5000年文明中的精华，把弘扬优秀传统文化同马克思主义立场观点方法结合起来，坚定不移走中国特色社会主义道路。"[1]因此，面临着生态环境治理的压力叠加和人民群众对优美生态环境和生态产品的合理诉求，迫切需要以"两个结合"深入推进武夷山国家公园建设，并在具体的国家公园建设过程中进行实践、验证和完善，通过深度挖掘武夷山国家公园的深层文化价值，比如朱子文化、闽越文化、茶文化、柳永文化等特色资源，推动中华优秀传统文化创造性转化、创新性发展，以时代精神激活中华优秀传统文化的生命力。同时，使国家公园管理机构与相关地方政府、社会力量等多方形成合力，共同破解武夷山国家公园建设中面临的问题，推动武夷山国家公园高质量建设，打造可复制可推广的国家公园管理模式，不断满足生态文明建设需要和民众需求，进而为世界国家公园建设提供"中国智慧"和"中国方案"，成为人与自然和谐共生的典范。

1　习近平：《必须坚持守正创新》，《求是》2024年第23期。

附录：武夷山国家公园福建片区大事记

▲1978年11月21日，《光明日报》的内参《情况反映》登载《光明日报》驻福建记者白京兆以《保护名闻世界的崇安县生物资源》为题摘要采写的赵修复教授的呼吁。22日，邓小平同志作重要批示"请福建省委采取有力措施"。

▲1979年4月16日，福建省人民政府批准建立福建武夷山自然保护区，直接归属福建省林业厅管理。

▲1979年7月3日，福建武夷山国家级自然保护区被国务院批准为我国第一批国家重点自然保护区，保护区面积为56527公顷。

▲1980年5月7日，福建省科学技术委员会成立"福建省科委武夷山自然保护区科学工作站"，为科研人员提供各种支持和便利条件。

▲1982年11月8日，武夷山被国务院列为首批国家重点风景名胜区。

▲1983年11月3日，国家主席李先念在国务院秘书长杜星垣、福建省委第一书记项南的陪同下视察武夷山自然保护区，并指出"青山不能破坏，绿水不能污染"。

▲1986年6月20日，林业部林政保护司复函同意武夷山自然保护区开展旅游活动，推动该地创造新里程碑式发展阶段。

▲1987年9月7日，福建武夷山国家级自然保护区被联合国教科文组织列入世界人与生物圈保护区。主要保护对象为常绿阔叶林生态系统，特别是南方红豆杉群落和中部山地矮林。

▲1991年8月1日，福建省人民政府颁发的《福建省武夷山国家级自然保护区管理办法》正式实施。

▲1992年12月，福建武夷山国家级自然保护区被世界野生生物基金会评为具有全球保护意义的A级自然保护区。

▲1993年10月11日，武夷山国家级自然保护区管理局成立福建武夷山国家级自然保护区生态旅游管理委员会，下设办公室，对外称"福建武夷山国家级自然保护区生态旅游管理办公室"。

▲1994年5月30日，福建省林业厅批复同意成立"福建武夷山国家级自然保护区联合保护委员会"。

▲1994年9月20日，福建省林业厅批复同意成立武夷山国家级自然保护区林业公路管理段。

▲1994年9月30日，由邹建军设计的中国自然保护区系列的第二套邮票——《武夷山》特种邮票正式发行。福建武夷山国家级自然保护区管理局与福建省南平地区行署、武夷山市人民政府，以及省、地区邮电局一起在武夷山市举行首发式。

▲1994年12月12日，福建省林业厅批复同意武夷山国家级自然保护区管理局在武夷山市征地21.5亩建立后勤基地。

▲1995年10月28日，福建省林业厅在福州树木园召开武夷山国家级自然保护区"GEF-B项目"启动会。会议审议通过福建省GEF-B项目"实施细则"，研究论证了武夷山生物多样性走廊带建设方案。

▲1995年11月7日，福建省林业厅批复保护区管理局武夷山后勤基地（办事处）建设方案。

▲1996年7月15日，中共福建省委机构编制委员会正式批复福建省林业厅，同意武夷山国家级自然保护区管理局增挂"福建省武夷山生物多样性研究中心"的牌子。

▲1998年2月1日，武夷山在十四部委联合编写的《中国生物多样性国情研究报告》中被列为陆地生物多样性保护的11个关键地区之一。

▲1998年10月20日，福建省林业厅下发通知，将福建省武夷山林业干休所划归武夷山国家级自然保护区管理局管理。

▲1999年12月1日，武夷山被联合国教科文组织列入《世界文化与自然遗产名录》，成为世界第23处、中国第4处"世界双遗产地"。武夷山国家级自然保护区成为我国仅有的一个既是世界生物圈保护区，同时又是世界"双遗产"保留地的自然保护区。

▲2004年11月，经国家林业局批准，武夷山森林公园和武夷山原始森林公园合并成为武夷山国家森林公园。

▲2011年12月27日，经农业部批准，成立包含九曲溪光倒刺鲃国家级水产种质资源保护区在内的全国第五批国家级水产种质资源保护区。

▲2013年12月，经国家林业局批准，设立福建武夷天池国家级森林公园。

▲2015年9月，中共中央、国务院印发《生态文明体制改革总体方案》，对建立国家公园体制提出了具体要求。

▲2015年9月，国家发展改革委确定在武夷山开展国家公

园体制试点。

▲2015年10月，福建省发展改革委组织福建农林大学等单位编写《武夷山国家公园体制试点区试点实施方案》。

▲2015年12月30日，武夷山被环境保护部列为中国32个内陆陆地和水域生物多样性保护优先区域之一。

▲2016年6月17日，国家发展改革委印发《关于武夷山国家公园体制试点区试点实施方案的复函》，整合武夷山国家级自然保护区、武夷山国家级风景名胜区以及九曲溪光倒刺鲃国家级水产种质资源保护区、武夷山国家森林公园等保护地，设立武夷山国家公园体制试点区，标志着武夷山国家公园体制试点正式启动。

▲2016年9月26日，福建省人民政府办公厅下发《关于建立武夷山国家公园体制试点工作联席会议制度的通知》，建立武夷山国家公园体制试点工作联席会议制度。

▲2017年1月22日，福建省财政厅印发《武夷山国家公园体制试点区财政体制方案》，将武夷山国家公园管理局作为省本级的一级预算单位管理，预决算并入省本级编报。

▲2017年3月12日，中共福建省委机构编制委员会下发《关于武夷山国家公园管理局主要职责和机构编制等有关问题的通知》，整合福建武夷山国家级自然保护区管理局、武夷山风景名胜区管委会有关自然资源管理、生态保护、规划建设管控等职责，组建由省政府垂直管理的武夷山国家公园管理局（正处级行政机构），在过渡期内依托省林业厅开展工作。

▲2017年11月24日，福建省人大常委会第32次会议表决通过《武夷山国家公园条例（试行）》，2018年3月1日起施行。

▲2018年3月23日，武夷山国家公园区域生态环境和资源保护检察监督专项行动启动仪式在武夷山国家公园风景名胜区北入口举行。2018年7月6日，初步确权登记试点区土地总面积942.02平方千米，其中国有土地276.59平方千米，占公园总面积29.36%；集体土地665.43平方千米，占公园总面积70.64%。

▲2018年8月3日，武夷山国家公园与卡累利阿基日自然保护区博物馆签订《福建省武夷山国家公园与卡累利阿共和国基日自然保护区博物馆加强友好合作关系备忘录》。

▲2018年10月10日下午，福建省林业厅在武夷山国家公园管理局召开支持推进武夷山国家公园体制试点"百日攻坚"行动动员会议。

▲2018年11月15日，中央机构编制委员会办公室、自然资源部相关人员组成调研组，前往武夷山国家公园实地调研管理体制改革试点工作。

▲2018年11月23日，中共武夷山国家公园管理局机关第一次代表大会召开，大会选举产生第一届机关党委。

▲2019年1月19日，福建省林业局、江西省林业局联合印发《关于建立武夷山国家公园和江西武夷山国家级自然保护区闽赣两省联合保护委员会的通知》。

▲2019年5月17日至19日，国家林业和草原局国家公园管理办公室前往武夷山国家公园体制试点区调研监测体系建设、宣传培训等工作的推进情况。

▲2019年5月30日，生态环境部土壤生态环境司有关负责同志到武夷山国家公园体制试点区开展生态环境资源保护调研工作。

2019年7月，受福建省人民政府委托，福建省林业局组织开展11项机制及实施情况绩效评价，评价报告获省政府同意。

2019年9月24日，中共福建省委机构编制委员会办公室下发《关于调整完善武夷山国家公园管理体制的通知》，在试点区涉及的6个主要乡镇（街道）分别设立国家公园管理站（正科级），作为武夷山国家公园管理局派出机构。赋予相应辖区内自然资源、人文资源、自然环境的保护与管理，以及规划建设管理和相关行政执法工作。

2019年11月7日，《武夷山国家公园总体规划》及生态保护、科研监测、科普教育、生态游憩、社区发展等五个专项规划通过福建省委常委会研究同意。

2019年11月18日，武夷山国家公园形象标识新闻发布会在榕召开，标志武夷山国家公园形象标识正式启用。

2019年12月25日，福建省人民政府批准武夷山国家公园总体规划及保护、科研监测、科普教育、生态游憩、社区发展等五个专项规划。

2020年5月9日，根据《福建省人民政府关于在武夷山国家公园开展资源环境管理相对集中行政处罚权工作的批复》精神，福建省林业局、南平市人民政府发布《武夷山国家公园资源环境管理相对集中处罚权法律依据和具体工作方案》，在武夷山国家公园范围实行相对集中行政处罚和联动执法。

2020年6月22日，福建省人民政府办公厅印发《武夷山国家公园特许经营管理暂行办法》。

2020年7月9日，中共福建省委机构编制委员会办公室、福建省林业局印发《武夷山国家公园管理局权责清单》，明确武夷山国家公园权责事项123项，其中，行政许可事项5项、行政监督检查事项5项、行政处罚事项81项、行政强制事项7项，其他行政权力4项，其他权责事项21项。

2020年7月16日，由福建农林大学和武夷山国家公园管理局共建的武夷山国家公园研究院揭牌成立。福建省林业局副局长、武夷山国家公园管理局局长林雅秋，福建农林大学兰思仁校长分别致辞，并为研究院揭牌。

2020年8月20日，福建省人民政府办公厅印发《关于建立武夷山国家公园生态补偿机制的实施办法（试行）》，设定生态公益林保护补偿、天然商品乔木林停伐管护补助、林权所有者补偿、商品林赎买、地役权管理补偿、退茶还林补偿、流域生态保护补偿、生态移民搬迁安置补偿、人文资源保护补助、绿色产业发展与产业升级补助、农村人居环境整治补助等11项补偿内容。

2020年9月1日至5日，由国家林业和草原局组织的国家公园体制试点第三方评估验收组顺利完成武夷山国家公园体制试点评估验收实地核查工作。通过单位自查、访问座谈、实地勘验及内业审核等方式，专家组对武夷山国家公园体制试点区的自然禀赋、任务落实、工作成效和特色创新等情况进行认真细致的核查。

2020年11月11日至14日，全国政协专题视察团来闽，视察国家公园体制试点建设情况。

2021年3月22日，习近平总书记来到武夷山国家公园，先后考察调研了武夷山国家公园智慧管理中心、燕子窠生态茶园和朱熹园，了解生态文明建设、茶产业发展和传统文化传承等情况，谆谆嘱托"要坚持生态保护第一，统筹保护和发展，有序推进生态移民，适度发展生态旅游，实现生态保护、绿色发展、民生改善相统一"。

2021年10月12日，在《生物多样性公约》第十五次缔约方大会领导人峰会上，国家主席习近平宣布中国正式设立三江源、大熊猫、东北虎豹、海南热带雨林、武夷山等第一批国家公园。

2022年10月12日，在武夷山国家公园正式设立一周年之际，由福建农林大学与武夷山国家公园管理局联合主办，武夷山国家公园研究院、福建农林大学风景园林与艺术学院、武夷山国家公园科研监测中心共同承办的"国家公园保护与发展学术论坛"在武夷山市召开。

2023年4月19日，在中加（蓬）两国元首的共同见证下，中华人民共和国林业和草原局与加蓬水和森林部在北京签署了《中国武夷山国家公园与加蓬洛佩国家公园结对安排》。

2023年8月15日，国家林业和草原局批复《武夷山国家公园总体规划（2023—2030年）》，总体规划坚持保护优先，把生态系统的完整性、原真性保护作为首要任务，突出保护管理、监测监管、科技支撑、教育体验、和谐社区等重点任务，布局了先进的监测体系、高水平的科研体系、完备的科普宣教体系。

2023年9月8日，武夷山国家公园福建片区完成自然资源确权登簿工作，成为福建省第一个完成全流程确权登记的自然资源登记单元，其中，自然资源登记单元总面积为1001.4114

平方千米，其中，权属状况为：国有面积336.3434平方千米、集体所有面积665.0680平方千米。

▲2023年9月12日，武夷山国家公园管理局会同福建省高级人民法院成功举办国家公园司法保护协作联盟成立大会，"三江源、大熊猫、东北虎豹、海南热带雨林、武夷山"首批五个国家公园的代表与相关的10个省份的高级人民法院、23家中级人民法院和43家基层人民法院代表齐聚南平，会议通过了《国家公园司法保护协作联盟章程》和《国家公园司法保护协作（武夷山）宣言》，获评2023年福建省"十大法治事件"。

▲2023年9月20日至22日，武夷山国家公园管理局与南非桌山国家公园、肯尼亚内罗毕国家公园分别签署增进友好合作会议纪要和备忘录，深化务实交往，加强友好关系。

▲2023年10月17日至20日，武夷山世界生物圈保护区顺利完成第三个十年现场评估工作。评估专家组经实地考察、社区座谈、听取汇报和查阅资料等环节，认为武夷山世界生物圈保护区十年间各项事业取得了很好的成绩，荣获多项国家级、省部级奖项，为保护区下一个十年发展打下了坚实的基础，也为武夷山国家公园的成立奠定了坚实的基础。

▲2023年10月27日，武夷山国家公园管理局被全国保护母亲河行动领导小组（共青团中央、全国绿化委员会、全国人大环境与资源保护委员会、全国政协人口资源环境委员会、水利部、生态环境部国家林业和草原局等部门组成）授予全国第11届"母亲河奖"绿色贡献奖。

▲2023年11月12日，举行武夷山国家公园科普展示馆建设开工奠基仪式。武夷山国家公园科普展示馆是集双世遗展示、

科普宣教、智慧公园、珍稀植物研究、国际交流、虚拟体验等多功能于一体的现代展馆，能够充分展示国家公园代表性、独特性以及武夷山国家公园体制试点以来取得的成效，是福建省生态文明建设展示的重要窗口。

2024年4月4日，中央机构编制委员会办公室印发《武夷山国家公园管理机构设置方案》，同意在福建、江西两省设立武夷山国家公园管理机构，其中武夷山国家公园福建管理局为福建省人民政府派出机构（副厅级），核定行政编制60名，领导1正3副。

2024年5月29日，福建省第十四届人民代表大会常务委员第十次会议通过《福建省武夷山国家公园条例》，10月1日起施行。该条例旨在加强对武夷山国家公园的保护，明确了管理机制，规定了规划建设要求，确定了保护对象及分区管控，鼓励绿色产业发展，设置了闽赣协作专章。

2024年6月11日，中共福建省委机构编制委员会下发关于明确省林业局和武夷山国家公园福建管理局部门领导职数的通知，明确核定武夷山国家公园福建管理局局长1名（兼任省林业局副局长）、副局长3名（不含兼职），武夷山市人民政府主要领导兼任武夷山国家公园福建管理局副局长。

2024年7月1日，武夷山国家公园管理局与法国香槟—勃艮第森林国家公园签署合作协议，双方约定将通过加强相互宣传、开展研讨活动、组织开展互访、保持密切联系等方式加强合作交流。

2024年7月17日，武夷山国家公园与加蓬洛佩国家公园举行结对合作揭牌仪式，双方将以此次活动为契机，围绕国家重点生态功能区、野生动植物保护、自然教育等重点，加强可持续发展合作，积极参与全球生态环境治理，为共建人与自然和谐共生的美丽世界作出积极贡献。

▲2024年8月12日，中共福建省委机构编制委员会办公室批复武夷山国家公园福建管理局所属事业单位有关事项。同意组建武夷山国家公园福建科研监测中心（加挂福建省武夷山生物多样性研究中心牌子），正处级，核定事业编制32名。经费渠道为财政核拨，划为公益一类。

▲2024年9月4日，武夷山国家公园福建管理局正式挂牌，成为全国首个正式挂牌的国家公园。

▲2024年9月27日，武夷山国家公园被世界自然保护联盟授予"世界自然保护联盟（IUCN）保护地绿色名录"称号。

▲2024年10月8日，中共福建省委办公厅、福建省人民政府办公厅印发《武夷山国家公园福建管理局职能配置、内设机构和人员编制规定》，明确组建武夷山国家公园福建管理局，为省政府派出机构、副厅级，行政编制60名。局长兼任福建省林业局副局长，副局长3名（不含兼职），武夷山市主要领导兼任副局长。武夷山成为全国首个实行省政府与国家林业和草原局双重领导，以省政府管理为主的国家公园。

▲2024年10月17日，武夷山国家公园协调推进办公室（国家林草局福州专员办）印发了《武夷山国家公园协调工作方案（试行）》，建立福建、江西管理局和武夷山国家公园协调推进办公室三方工作协调机制，协调解决国家公园保护、建设和管理中的重大问题。

▲2024年10月28日，武夷山国家公园福建管理局与福建省

高级人民法院、南平市中级人民法院共同签署《武夷山国家公园（福建片区）保护与发展战略合作框架协议》，双方将构建协同保护、"两法"衔接、情势会商、联席会议、多元解纷、专家共享、信息共享、宣传联推、理论共研和成果共享等十个机制，进一步推动形成国家公园一体化保护治理的强大司法合力，筑牢生态安全屏障。

© 九曲竹筏（黄海 摄）